乡村振兴人才培养系列教材
图说现代农业高质量发展关键技术丛书

图说软枣猕猴桃高效栽培技术

翟秋喜　张振东　卜庆雁　编著

中国农业大学出版社
· 北京 ·

内容简介

本书在编写内容上力求从果农的实际需要出发，以安全、优质、高效生产技术为核心，将理论知识融于技术操作中，介绍了与软枣猕猴桃生产相关的基本知识，如苗木的培育、软枣猕猴桃园的建立、整形修剪、周年管理、灾害防御、设施栽培及贮运等。其中，栽培管理技术以主要物候期的进程来安排，结合生产实际，突出技术的先进性和实用性，内容全面、重点突出、图文并茂、通俗易懂、实用性强。

图书在版编目（CIP）数据

图说软枣猕猴桃高效栽培技术 / 翟秋喜，张振东，卜庆雁编著 . -- 北京：中国农业大学出版社，2022.6

ISBN 978-7-5655-2793-7

Ⅰ . ①图… Ⅱ . ①翟…②张…③卜… Ⅲ . ①猕猴桃－果树园艺 Ⅳ① S663.4

中国版本图书馆 CIP 数据核字（2022）第 099344 号

书　　名　图说软枣猕猴桃高效栽培技术
作　　者　翟秋喜　张振东　卜庆雁　编著

策划编辑	林孝栋　康昊婷	**责任编辑**	康昊婷
出版发行	中国农业大学出版社	**封面设计**	郑　川
社　　址	北京市海淀区圆明园西路 2 号	**邮政编码**	100193
电　　话	发行部 010-62733489, 1190 编辑部 010-62732617, 2618	**读者服务部** **出　版　部**	010-62732336 010-62733440
网　　址	http://www.caupress.cn	**E-mail**	cbsszs@cau.edu.cn
经　　销	新华书店		
印　　刷	涿州市星河印刷公司		
版　　次	2022 年 8 月第 1 版　2022 年 8 月第 1 次印刷		
规　　格	148 mm × 210 mm　32 开本　5.75 印张　200 千字		
定　　价	39.80 元		

图书如有质量问题本社发行部负责调换

辽宁农业职业技术学院园艺技术专业群
果树科普著作编委会成员

主　任　张政利

副主任　陈杏禹　白忠义　王志利

编　委　梁春莉　张振东　李立申　卜庆雁　张力飞
　　　　胡克伟　于强波　于立杰　孟凡丽　翟秋喜
　　　　刘淑芳　王国东　杜玉虎

前言

我国是猕猴桃属植物的原产地，种质资源非常丰富。软枣猕猴桃植株抗寒，是猕猴桃属中在中国地域分布最广泛、最具开发价值的种类之一。软枣猕猴桃果实小巧玲珑，表皮光滑无毛，便于食用，且富含维生素、多糖、黄酮、有机酸、果胶、纤维素、氨基酸、SOD、蛋白质及多种矿质元素，并含有叶酸、谷胱甘肽、芦丁、精氨酸、肌醇、叶黄素、膳食纤维及丰富的抗氧化物质等成分，具有一定的医疗保健功效。除鲜食外，软枣猕猴桃还可以加工成果酱、果酒、果粉、果茶、果汁等多种制品，是一种高营养、多用途的第3代水果。

近几年，随着经济的发展和人民生活水平的不断提高，消费者对食品的需求已逐渐由“数量型”向“质量型”转变，安全优质的果品正日益受到人们的青睐，市场需求逐年上升。随着市场需求的增长和农村产业结构调整，我国软枣猕猴桃生产发展进入一个新的时期，种植面积和产量迅速增加，已经成为我国果业发展中的新亮点。许多地方都将软枣猕猴桃作为果业结构调整、促进农民脱贫致富、农业产业化的首选树种。但是也应当看到，软枣猕猴桃作为多年生植物，其生命周期长，生长发育过程复杂，相比其他果树，其驯化、栽培历史短，目前在生产中还存在许多亟待解决的问题。

因此，进行软枣猕猴桃安全优质高效栽培，成为消费者获得安全优质果品的前提，成为我国软枣猕猴桃产业持续、稳定、健康发展的保障。基于以上现状，作者根据多年的研究及生产实践，结合各地技术及成功经验，编写了本

书，供广大果农朋友及基层科技推广人员参考。

本书在编写内容上力求从果农的实际需要出发，以安全、优质、高效生产技术为核心，将理论知识融于技术操作中，介绍了与软枣猕猴桃生产相关的基本知识，如苗木的培育、软枣猕猴桃园的建立、整形修剪、周年管理、灾害防御、设施栽培及贮运等。其中，栽培管理技术以主要物候期的进程来安排，结合生产实际，突出技术的先进性和实用性，内容全面、重点突出、图文并茂、通俗易懂、实用性强。

需要特别说明的是，本书所用药物及其使用剂量仅供读者参考，不可完全照搬。在实际生产中，所用药物学名、常用名和实际商品名称有差异，药物浓度也有所不同，建议读者在使用每一种药物之前，参阅厂家提供的产品说明书，科学使用。

本书编写过程中参阅了国内外研究者关于软枣猕猴桃的大量学术论文、研究资料和书籍，在此谨向他们表示衷心的感谢。

由于编写时间仓促，编者学识、水平有限，书中不妥之处在所难免，恳请专家及广大读者不吝赐教。

编　者

2021 年 11 月

目录

第一章　软枣猕猴桃概述

第二章　认识软枣猕猴桃

第三章　软枣猕猴桃苗木的培育

第四章　标准化软枣猕猴桃园的建立

第五章　软枣猕猴桃的整形修剪

第六章　软枣猕猴桃周年生产管理技术

第七章　软枣猕猴桃采后商品化处理与贮藏

第八章　软枣猕猴桃主要病虫害防治

第九章 自然灾害的发生与预防

第十章　软枣猕猴桃设施栽培关键技术

参考文献

第一章

Chapter 1

软枣猕猴桃概述

一、你了解软枣猕猴桃吗？

猕猴桃为猕猴桃科猕猴桃属（Actinidia Lindl.）植物，全世界猕猴桃共有54个种、21个变种（共75个分类单元），中国是世界猕猴桃的原始起源地，猕猴桃属遗传资源极为丰富(图1)，具有广泛的利用价值。

软枣猕猴桃，又名软枣子、奇异莓（图2），具有抗虫、抗病、耐寒的特性，是猕猴桃属中具有重要利用价值的种类之一，是猕猴桃品种改良的重要种质资源。与市场常见的中华猕猴桃相比，软枣猕猴桃果实较小（图3），表面光滑，形状多样，皮薄汁多，果肉细腻，甜酸适口，营养丰富，整果可食，方便

图1　猕猴桃家族（引自黄宏文主编《中国猕猴桃种质资源》）

图2　软枣猕猴桃

食用，并且具有一定的医疗保健功效和观赏价值，因此深受消费者喜爱。作为一种高营养、多用途的第3代水果，软枣猕猴桃在国际上享有很高声誉，具有巨大的经济价值和开发利用前景。目前国内外软枣猕猴桃栽培品种大多来源于实生选种，也有一些品种是通过种间杂交技术培育的。

图3　猕猴桃和软枣猕猴桃果实大小比较

二、野生软枣猕猴桃主要分布在哪些地方？

软枣猕猴桃是猕猴桃属中地域分布最广泛的种类之一，东北、华北、西北及长江流域各省均有分布。我国野生软枣猕猴桃主要分布在北纬45°以南的完达山南部、张广才岭及老爷岭山区，集中分布最多的是长白山山脉。

三、软枣猕猴桃人工种植情况如何？

国外对软枣猕猴桃资源的开发利用较早，新西兰、智利、法国、德国、意大利、韩国、日本、俄罗斯、美国等国对其十分重视，且进行了大量的研究，许多国家已进行人工栽培。我国软枣猕猴桃人工栽培刚刚起步，目前辽宁、吉林、黑龙江、北京、河南、四川、陕西、河北、山东、江苏、浙江、上海、贵州、云南、内蒙古等地已有人工引种栽培。

我国选育的品种及优系主要有魁绿、丰绿、佳绿、龙成2号、LD133、天源红、宝贝星、桓优1号、长江1号、长江2号、长江3号、LD126等。其中以辽宁省人工引种栽培发展速度最快，栽培面积最大，主要分布在丹东、本溪、鞍山、沈阳、庄河等地，栽培品种以龙成2号、长江1号、桓优1号、LD133等为主；组织形式以公司、合作社等为主，发展较快，种植面积较大，一家一户栽培的较少，培育的品种主要有香粹、里泉、山形娘、雪娘、花之井、信山、K2D4、C3C3、青山、光山、Ananasnaya、Issai、74-49、Jumbo、Ken's Red、Weiki、Jumbo、L1、M1、D11、D14、D8等。

随着软枣猕猴桃设施栽培的发展，日光温室栽培、桥棚栽培、冷棚栽培、阴棚栽培等模式被广泛利用，利用设施栽培可将软枣猕猴桃果实成熟期提前到5月；利用贮藏保鲜技术，鲜果可贮藏到12月。同时为抵御自然灾害发生，人们开始重视设施防灾（雹、风、鸟等）栽培。

四、软枣猕猴桃的营养价值如何？

软枣猕猴桃是水果中营养成分最丰富、最全面的水果之一，其果实中富含维生素、多糖、黄酮、有机酸、果胶、纤维素、氨基酸、SOD、蛋白质及多种矿质元素，钾、钙、镁含量丰富，脂肪含量低，且钠的含量极少，属低钠高钾水果，同时果实含有多种保健功能成分如叶酸、谷胱甘肽、芦丁、精氨酸、肌醇、叶黄素、膳食纤维及丰富的抗氧化物质。（图4）。

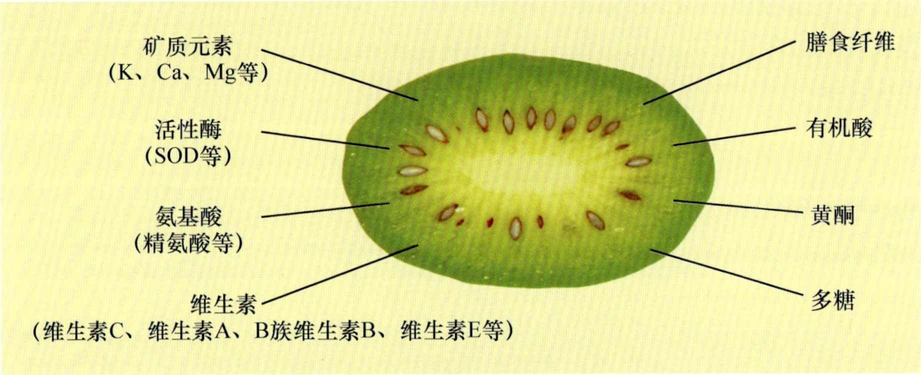

图4　软枣猕猴桃的营养成分

软枣猕猴桃果型迷你小巧，有“世界之珍果”“水果中营养密度之王”“水果之王”“美容果”等美誉，其维生素C含量高达450 mg/100g，是水果界不折不扣的“维C之王”。软枣猕猴桃的维生素含量是同质量鲜枣的2倍，中华猕猴桃的4倍，柑橘的5~10倍，苹果、梨的80~100倍（图5）。

除了果实营养丰富，软枣猕猴桃的根（图6）、茎、叶、果实还可入药，有抗感染、提高免疫功能的辅助功效，具有良好的药用价值。软枣猕猴桃果实中含有的多糖能提高人体的免疫功能；含有的肌醇能有效调节糖代谢，调节细胞内的激素和神经的传导效应，对防止糖尿病和抑郁症有一定疗效；含有的膳食纤维和丰富的抗氧化物质能够增强胃肠蠕动，缓解便秘，促进排便，

图5　相同质量下几种水果维生素比较

图6　软枣猕猴桃的根

图7　软枣猕猴桃加工产品

有效预防和治疗便秘。软枣猕猴桃叶片中含有多酚类化合物，可做茶叶饮用。根部含有茎多糖(AASP)，具有明显的抗感染、抗肿瘤作用。软枣猕猴桃果实除了鲜食外、亦可用来加工果酱、果汁、果脯等（图7）。

另外，软枣猕猴桃的种子含油22%~35%，蛋白质15%~16%，可以用来榨取工业用的干性油或食用油。

图8　冬季的软枣猕猴桃

五、人工栽培软枣猕猴桃优势有哪些？

1. 省工

与葡萄相比软枣猕猴桃冬季不需要埋土防寒（图8），节省防寒材料及每年埋土和出土上架管理用工，相同产量和价格情况下，软枣猕猴桃市场竞争优势明显。同时软枣猕猴桃生长季管理也比葡萄简单，用工量较少。

图9　野生果与人工栽培果

2. 病虫害少

一般果树一年需要打药4~8次，软枣猕猴桃病虫危害较少，一年只需要打药2~3次，减少了农药投入，也提高了果品安全，同时节省了打药用工。

3. 结果早，经济价值高

软枣猕猴桃定植后2~3年开始结果，4~5年即可进入盛果期，盛果期产量1 000~1 500 kg/亩。目前野生软枣猕猴桃市场销售价在10~60元/kg，人工栽培的软枣猕猴桃市场销售价在40~100元/kg。如果按每千克售价10元计算，则亩产值1万元，亩净利润在0.8万元左右，经济效益比一般果树高。

4. 商品率高，果实品质一致

与野生软枣猕猴桃相比，人工栽培软枣猕猴桃具有品种优良、果品一致性好、商品率高、品质好等优势，便于规模化生产经营（图9）。

六、软枣猕猴桃产业发展前景如何？

我国具有丰富的软枣猕猴桃种质资源和巨大的消费市场，随着经济的发展和人们生活水平的提高，消费者对水果的多样性和品质有了更高的要求，作为第三代水果的软枣猕猴桃市场需求会越来越大，人工种植软枣猕猴桃前景极为广阔。

七、目前我国软枣猕猴桃产业发展中存在的主要问题有哪些？

1. 品种少

目前软枣猕猴桃通过审定（备案）的品种少，早、中、晚熟品种可供选择的余地小，导致果品上市时间集中。对不同品种的生态适应性缺乏系统的研究，未能充分发挥品种的特性。

2. 苗木差

软枣猕猴桃苗木尚无统一质量标准，苗木质量差、价格高。苗木市场混乱，有些资源未经过系统研究和新品种审定（备案）就上市销售，存在大量同物异名、同名异物现象，对生产造成了不良影响。

3. 栽培技术无标准

园地选择、定植建园、架式选择、整形修剪、病虫害防治、土肥水管理、花果管理、采后贮藏保鲜等都没有形成统一的技术标准，不符合现代农业标准化生产的要求。缺乏专业的技术人员，从业者大多没有经过系统培训，遇到问题无法及时解决。缺少标准化生产示范园，缺乏产业的示范、指导作用。

4. 规模小、产业化程度低

栽培面积和生产规模都还很小，没有形成生产、贮运、加工、市场营销为一体的产业链条，产业化程度低，没有形成特色品牌。

5. 贮藏保鲜与深加工技术落后

软枣猕猴桃以直接上市鲜食为主，果实上市时期比较集中，与生产发展配套的贮藏保鲜设施少，贮藏保鲜技术不完善，深加工技术研究较少，资源综合利用的路较窄。

6. 受自然灾害影响大

对种植区域的自然灾害评估不足，冻害、倒春寒、冰雹、高温、大风、洪涝等灾害时有发生，对生产造成较大经济损失（图10）。

图10　洪水冲毁的软枣猕猴桃园

7. 投入较高

由于目前软枣猕猴桃苗木少、价格高，加上架材、配套设施、土壤改良、人工、肥料、地租等生产前期投入较高，第一年每亩需投资5 000元左右，到盛果期之前每亩每年还需管理费用1 000~2 000元，存在一定投资风险，影响了该产业的快速发展。

八、软枣猕猴桃产业发展对策有哪些？

1. 加强野生资源的收集、开发与利用

我国软枣猕猴桃资源非常丰富，但开发利用进程迟缓，应用于生产的优良品种比较少，阻碍了软枣猕猴桃产业的发展。今后应加强野生资源的保护工作，禁止随意挖掘和人为破坏。同时应加强新品种的选育，为生产提供适宜的品种和优质的苗木。

2. 开展栽培技术研发与集成

针对目前人工栽培软枣猕猴桃的生产现状，应大力开展果园机械化作业技术研究，以降低果园管理劳动强度，提高作业效率，降低生产成本，实现轻简化作业。应开展适宜不同气候条件的栽培技术集成与示范，为生产提供科学、规范的配套栽培管理技术。

3. 加强保鲜贮藏技术研究

结合果实采后生理特点开展软枣猕猴桃贮藏保鲜关键技术研究，延长软枣猕猴桃采后贮藏保鲜期，延长鲜果市场供应期。

4. 开发软枣猕猴桃加工新产品

对软枣猕猴桃果实的药用价值、营养价值进行深入研究，进行产品深加工，开发新的加工制品，如果脆、果粉、果汁、果酒、果茶等，延长软枣猕猴桃产业链，提高产品附加值，满足市场的需求。

5. 开展软枣猕猴桃设施栽培技术研究

科研机构应着力丰富设施栽培类型和栽培模式，延长鲜果供货期，促进农民增收。

第二章
Chapter 2

认识软枣猕猴桃

一、软枣猕猴桃植株由哪些部分构成？

软枣猕猴桃与其他植物一样，是由具有一定功能的器官构成的。软枣猕猴桃植株包括地上、地下两部分。地下部分是根系（图11），地上部分即树体，包括主干、主蔓、侧蔓、结果母枝、结果枝、营养枝、叶片、芽、果实等（图12）。从地面到分支处的部分称为主干，主干上的分支叫主蔓；主蔓上的多年生侧分枝称为侧蔓；着生结果枝的枝叫结果母枝；带有花序的新梢称结果枝；不带花序的新梢称营养枝或发育枝；从当年生枝上萌发的枝条称副梢。主干、主蔓可以是一个，也可以是多个。

图11　软枣猕猴桃的地下部分（根系）

图12　软枣猕猴桃树体结构

二、软枣猕猴桃的根系长什么样？有什么特点？

软枣猕猴桃的根为肉质根，根系分布浅，主要分布在距地表10~30 cm处，也有超过60 cm的，不耐旱（图13）。根系随着树龄的增长向四周扩展，生长成扭曲状，其垂直根不发达，水平分布较广，骨干根少，须根密而发达，根系密度较一般果树大；呼吸强度高，喜欢疏松透气的根际环境，在中性或微酸的土壤均可正常生长。根系要求土壤有机质含量高、透气性好，以壤土、沙土为好，应避免在黏重土壤如水稻田、排水不良等地块及盐碱地种植。在土壤透气性差或者排水不良情况下根系容易腐烂（图14）。幼树期根系生长发育较快，盛果期骨干根相对稳定，骨干根上每年新发大量毛细根，根系更新容易。软枣猕猴桃的根系除了吸收水分、养分等功能外，还可贮藏大量的光合作用产物。

图13　软枣猕猴桃根系垂直分布

图14　软枣猕猴桃根系腐烂

三、软枣猕猴桃的茎长什么样？有什么特点？

软枣猕猴桃为藤本植物，茎构成植株的骨架，对树体的各种器官起着支撑作用。自然生长情况下茎靠缠绕高大乔木向上生长，人工栽培情况下需要为其搭架。茎中的木质部和韧皮部对水分、矿质营养和光合产物等物质的运输起着重要作用。另外，软枣猕猴桃的茎与根系一样可贮藏大量的光合有机物质，这些养分可用于调节植株的营养。

徒长枝、强旺枝和长枝在一年当中持续生长时间长，年生长量大。强旺枝在新梢萌发后生长迅速，持续延长生长，不缠绕；生长后期长势变弱，新梢变细，先端开始缠绕，直至顶端枯死停止生长。中短枝在一年当中生长时间较短，一般在花期前后新梢顶端枯死停止生长，后期在水肥充足、环境条件适宜的情

图15 营养枝类型

况下，少部分中短枝上的芽可二次萌发形成二次枝。

1. 营养枝

营养枝一般可分为普通营养枝、徒长枝、衰弱枝（图15）。

2. 结果枝

结果枝可分为徒长性果枝、长果枝、中果枝、短果枝、短缩果枝（图16）。徒长性果枝长150 cm以上，长果枝50~150 cm，中果枝30~50 cm，短果枝10~30 cm，短缩果枝小于10 cm。

图16 结果枝类型

四、软枣猕猴桃的叶长什么样？有什么特点和作用？

软枣猕猴桃的叶（图17）为膜质至纸质，单叶互生，卵圆形或椭圆形、长圆形，先端突尖或短尾尖，基部圆形或心形，叶缘具不规则锐锯齿，叶面暗绿色，无毛，稍有光泽，叶背脉腋有淡棕色或灰白色柔毛，叶柄长2~8 cm，叶柄绿色或红色。

图17 软枣猕猴桃的叶

软枣猕猴桃叶的功能：一是进行光合作用，利用水、矿质元素、二氧化碳及光能合成植株生长所需的有机营养物质；二是进行呼吸作用，

为植株的生长发育提供所需的能量；三是通过蒸腾拉力将水分和矿物质运送到树体的各个器官，且通过蒸腾作用降低树体温度，避免高温对植株的伤害；四是进行吸收作用，通过气孔直接吸收水分和矿质营养，其速度比从土壤中通过根系吸收要快几十倍，因此在生产上常通过叶面喷肥来补充和调节树体营养。叶片多少与产果量和果实品质有密切关系。

五、软枣猕猴桃的芽长什么样？有什么特点？

软枣猕猴桃的芽着生在叶腋间海绵状的芽座中（图18），由主芽和副芽组成。主芽形成当年正常情况下不萌发，一般越冬后次年春天萌发形成新梢（结果枝和营养枝），保证植株生长，但在受到刺激（如摘心、前部受伤等）的情况下也可当年萌发，形成副梢。幼苗期和徒长枝上的芽多为叶芽，只抽梢长叶而不结果。成年树上良好的发育枝及结果枝上的芽易形成花芽。软枣猕猴桃的花芽为混合芽，但外观上与叶芽难以辨别，萌发后先抽梢，再在新梢中下部的几个叶腋间形成花蕾，开花结果。已开花结果部位的叶腋间不再萌发新梢（图19）。软枣猕猴桃的萌芽率较高，方向朝上或侧上的芽容易萌发，且生长旺；方向向下或侧下的芽萌发较少。副芽一般呈潜伏状，但在主芽受到刺激（如冻害、受伤等）时，副芽也可萌发，副芽萌发形成的新梢多为营养枝，极少成为结果枝。

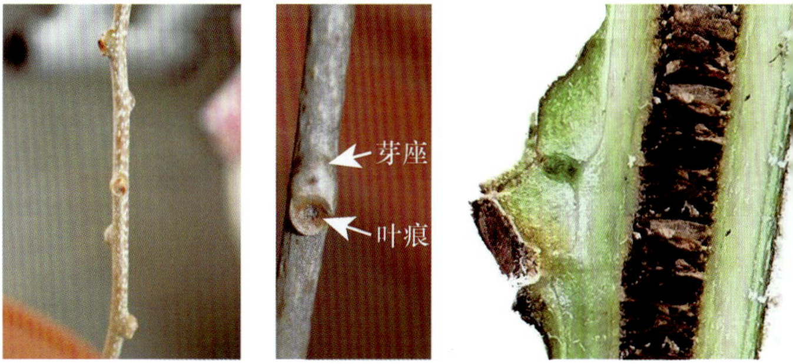

图18　软枣猕猴桃的芽及剖面

图19　结果部位芽眼不再萌发

新梢上没有萌发的芽，会随着枝龄的增加而潜伏在皮层下，形成潜伏芽。软枣猕猴桃的潜伏芽数量多，潜伏寿命长，当受到强烈刺激时（如重回缩、重疏枝等），潜伏芽可萌发形成新梢，多抽生为徒长枝，可以用于植株更新和枝组更新。

六、软枣猕猴桃的花长什么样？如何区分花的雌雄？

软枣猕猴桃为雌雄异株植物，雌花（图20）多单花间或呈聚伞花序，子房上位，花蕾着生在结果枝上第1~7节位，多数着生1~3个，少数着生10个以上；雄花（图21）为多歧聚伞花序，雌蕊退化，蜜腺不发达，花序着生3~9个花蕾，少数花序可着生20个以上，花萼绿色或红褐色，圆形。大多数软枣猕猴桃的雌雄株花期较一致，辽宁南部地区花期一般5月下旬，辽东、吉林及黑龙江地区花期一般在6月上、中旬。

图20　软枣猕猴桃雌花

图21　软枣猕猴桃雄花

七、软枣猕猴桃的果实长什么样？有什么特点？

软枣猕猴桃的果为浆果，果实形状变化较大，有卵圆形、矩圆形、扁圆形、长圆形、椭圆形等（图22）。果皮绿色至紫红色，光滑无毛，先端具有短尾状的喙。果实平均重6~8 g，最大果重50 g以上。果梗1~2 cm。成熟果实软而多汁，果肉细腻，绿色、

图22　软枣猕猴桃的果实

黄绿色或浅红色，味甜微酸，具有香气。种子较小，千粒重1.5~1.8 g。果实成熟期为8月下旬至10月上旬。

八、软枣猕猴桃主要品种有哪些？

我国选育的品种及优系主要有魁绿、丰绿、佳绿、龙成2号、LD133、天源红、红贝、宝贝星、桓优1号、长江1号、长江2号、长江3号、LD126，等。栽培品种主要以魁绿、龙成2号、长江1号、桓优1号、LD133、誉隆909等。

1. 魁绿

魁绿（图23）是中国农业科学院特产研究所于1980年选自吉林省集安县复兴林场的野生软枣猕猴桃优株，经扩繁成无性系，1993年通过吉林省农作物品种审定委员会审定。其果实扁卵圆形，平均果重18.1 g，果皮绿色光滑，果肉绿色，多汁，细腻，酸甜适口，可溶性固形物15%，总糖9%，有机酸1.5%，维生素C 430 mg/100 g，单果含种子180粒左右。树势生长旺盛，丰产性能好，坐果率高，可达95%以上，果实多着生于结果枝5~10节叶腋间，多为短枝和中枝结果，每个枝可坐果5~8个。在辽宁营口地区，开花期为5月下旬，果实成熟期为8月中、下旬。在吉林左家地区，伤流期为4月上中旬，萌芽期为4月中下旬，开花期为6月中旬，果实成熟期为9月初。在无霜期120 d以上，大于10℃有效积温2 500 ℃以上的地区均可栽培。抗逆性强，在绝对低温-38℃的地区栽培多年无冻害和严重病虫害发生。

2. 龙成 2 号

龙成2号（图24）果实长椭圆形，果皮绿色偏红褐色，平均单果重22.8 g，

图23　魁绿

图24　龙成2号

最大单果重36.8 g，纵径约5 cm，横径约3 cm，果肉绿色，酸甜适度，味香浓郁。含可溶性固形物20.5%，维生素C 406 mg/100 g。该品种坐果早、产量高，丰产稳产，抗寒、抗病虫能力强，适应范围广。丹东地区4月中下旬萌芽，6月初开花，9月末至10月初果实成熟。

3. 桓优1号

桓优1号（图25）由辽宁省桓仁满族自治县林业局山区综合开发办公室选育。其果实卵圆形，皮青绿色，中厚。果肉绿色，肉质软，果汁中，香味浓，可溶性固形物12%，有机酸0.2%，维生素C 379 mg/100 g，果实成熟后不易落粒，可长时间留存树上。植株生长健壮，树冠紧凑，以短果枝和短缩果枝结果为主，抗寒力极强。在辽宁桓仁县，4月下旬萌芽，6月上中旬开花，9月中下旬果实成熟。该品种树势强健，果个大，平均单果重22 g，最大单果重36.7 g，结果早、产量高，丰产稳产。抗寒、抗病虫能力强，适应范围广，适于无霜期140 d以上地区发展。在辽宁营口地区9月下旬浆果开始成熟，10月中下旬落叶。

4. LD133

LD133（图26）平均单果重18 g，最大果重30 g以上。果实卵圆形，果皮

图25　桓优1号

图26　LD133

绿色、光滑无毛，果肉绿色、多汁、细腻，酸甜适度，口感好。树势生长旺盛，庭院栽培10年生树单株产量50 kg以上。抗逆性强，在绝对低温-38 ℃的地区栽培多年无冻害和严重病虫害发生。在辽宁丹东地区，成熟期在9月中下旬，属中晚熟品种。

5. 丰绿

丰绿（图27）由中国农业科学院特产研究所选育，1993年通过吉林省农作物品种审定委员会审定，原代号8007。果实卵球形，果皮绿色、光滑无毛，单果平均重8.5 g，最大果重15 g，果形指数0.95，果肉绿色，多汁细腻，酸甜适度。该品种果实较小、丰产性好，风味佳，适宜加工。

图27　丰绿

6. 佳绿

佳绿（图28）2014年通过吉林省农作物品种审定委员会审定。果实圆柱形，单果平均重19.1 g，最大果重39.2 g，可溶性固形物12.50%，总糖11.4%，总酸0.76%，维生素C124.99 mg/100 g（鲜重）。该品种在无霜期125天以上、≥10℃有效积温达2 500℃以上的地区均可栽培。

图28　佳绿

图29　誉隆909

7. 誉隆909

誉隆909（图29）是宽甸宝龙软枣猕猴桃专业合作社从辽宁省丹东市宽甸县东部山区选育的优良品系。该品种平均单果重19.98 g，最大单果重36 g，果实长扁圆形或长柱形。果皮初期粉红色，中期红色，后期紫红色。口感细腻爽滑，酸甜适度，有清香。果实可溶性固形物17.74~21.2%，可滴定酸0.12%，维生素C 300.71 mg/100 g。果皮中厚，耐储藏，常温阴凉处储藏15~20 d商品性仍佳，冷库储藏60~90 d颜色口味不变。树势中庸，枝条直立性强，少有缠绕。叶片绿色，卵圆形。幼树和初结果树一般单花序为多，4~5年每花序有2~3朵花，花色为白色。芽苞大而饱满。一般从结果枝基部2~3个芽起开始结果。适应性强，目前吉林、辽宁、河北、山东等地已有种植且树势和果实品质表现良好。在辽宁丹东宽甸地区4月中旬萌芽，6月9日前后开花，花期集中，盛花期大约7 d。果实在8月末至9月初开始陆续成熟，硬果挂树时间长，可持续挂果到10月初。

九、软枣猕猴桃的主要物候期如何划分?

软枣猕猴桃一年中其物候期可划分为几个主要阶段，即休眠期、伤流期、萌芽期、新梢迅速生长期、开花期、果实发育期、果实成熟期、落叶期等。各阶段的生长发育现象存在重叠与交叉，每个阶段还可进行更详细的划分，人为划分只是为了方便生产管理。

1. 休眠期

休眠期（图30）是指从落叶到翌年树液开始流动为止的一段时期。根据软枣猕猴桃本身的生理作用与外界条件的关系，可分为自然休眠期和被迫休眠期。自然休眠期的长短因品种而不同。

图30　休眠期的软枣猕猴桃园

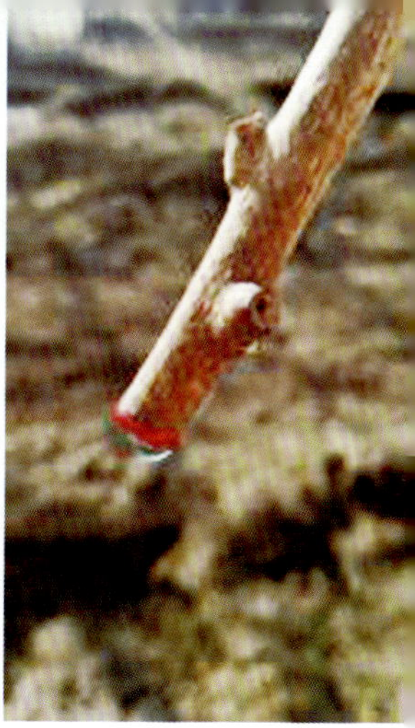

图31　软枣猕猴桃伤流

2. 伤流期

由树液流动开始到芽萌发结束为伤流期（图31）。这段时期树液通过枝叶伤口外流，伤流是植株根系开始活动的表现，伤流的情况与春季土壤中水分的多少有关，与冬季修剪的时期也有关，冬季修剪早伤流表现轻，冬季修剪晚伤流表现重。

3. 萌芽期

春季气温逐渐上升，芽体膨大，随后在芽的顶端呈现绿色。一般以5%的芽萌发的日期作为萌芽期的起点（图32）。

4. 新梢迅速生长期

软枣猕猴桃展叶后新梢生长迅速，到开花前后短枝和中枝逐步停止生长，这一时期称为新梢迅速生长期（图33）。因此，新梢生长期一般指从展叶到开花的这一段时间，一般为40~55 d。

图32　软枣猕猴桃萌芽

图33　新梢迅速生长期

5. 开花期

开花期（图34）是指开始开花到全部花开完的这一段时间，一般历时5~10 d。开花期是决定软枣猕猴桃产量的关键时期。不同气候条件花期长短有所不同。晴朗天气花期较短，阴雨低温天气，花期持续时间较长。

6. 果实发育期

果实发育期指从盛花到浆果成熟之前这段时间。通常早熟品种为80~90 d，中熟品种为105~110 d，晚熟品种为120~125 d（图35）。

7. 果实成熟期

果实成熟期指从果实种子完全变褐到浆果变软这段时间。在此期中，果实体积不再明显膨大，而是主要进行营养物质的积累和转化。果实硬度降低，开始有弹性，并逐渐达到其品种特有的颜色和光泽（图36）。

图34 软枣猕猴桃开花期

图35 果实发育期

图36 果实成熟期

图37 落叶期

图38 野生软枣猕猴桃

8. 落叶期

落叶期是指随着秋季气温的降低，软枣猕猴桃叶片的颜色开始变黄，最后叶柄基部形成离层，叶片脱落（图37）。

十、野生软枣猕猴桃生长在怎样的自然环境?

软枣猕猴桃为多年生攀附类藤本植物，喜凉爽、湿润的气候。野生状态下生长于自然环境好的针、阔混交林和杂木林中，多攀缘在阔叶树上，枝蔓多集中分布于树冠上部（图38）。垂直分布主要在山脉的中下部，山的阴坡，尤其以沟底分布较多、较集中。

十一、人工栽培软枣猕猴桃对环境条件有什么要求?

地形：平地、丘陵、山地均可种植。避免在低洼谷地、风口、易涝地块种植。

温度：植株冬季抗寒，但萌芽早容易遭受晚霜危害；夏季不耐高温干旱，高温持续时间长易产生高温伤害，造成落叶。

水分：喜欢湿润的气候，对水分需求较多，人工栽培需能浇水，但根系不耐涝，应避免在地下水位较高的地块建园。

光照：喜光耐阴。幼苗需要适当遮阴，果实应避免阳光直射，否则易产生日灼。

土壤：壤土、沙土地为好，pH中性或微酸均可，要求土壤有机质含量高、透气性好。避免在黏重土壤及盐碱地种植，如水稻田、排水不良地块等地。

风：软枣猕猴桃怕大风，早春大风会对新梢和叶片造成较大危害，后期大风会使相邻果实及果实和枝叶之间相互摩擦，在果皮上形成大量伤疤。

第三章
Chapter 3

软枣猕猴桃苗木的培育

苗木质量的好坏直接影响栽植的成活率、植株的长势、结果的早晚、产量的高低及果实的品质。因此，培育优质苗木对于软枣猕猴桃的生产有着重要意义。

一、软枣猕猴桃苗木繁育方式有哪些？

软枣猕猴桃苗木的繁育有多种方法，包括实生繁殖、扦插繁殖、嫁接繁殖、组织培养及容器育苗等。目前我国软枣猕猴桃苗木的繁殖方式主要是扦插和嫁接，这是两种简便易行的繁育方法。

二、软枣猕猴桃硬枝扦插苗如何培育？

硬枝扦插是利用成熟的1年生枝进行扦插育苗的方法。其育苗流程如图39所示：

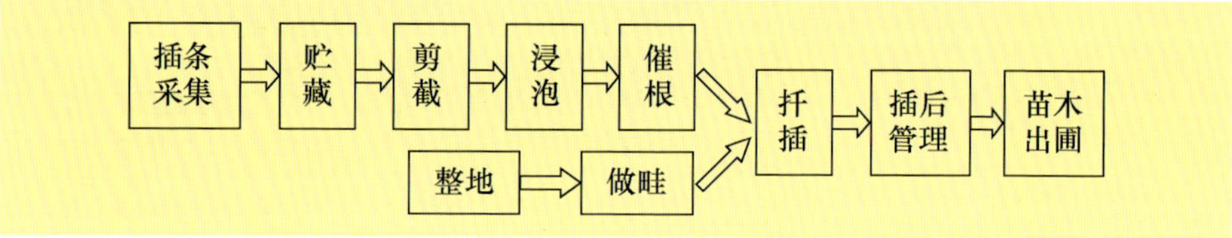

图39 硬枝扦插苗的培育流程

1. 插条的采集与贮藏

硬枝扦插使用的插条应在休眠期采集，一般结合冬季修剪进行，最迟应在春季伤流前半月进行。在生长健壮、结果良好的植株上，选择生长健壮、充分成熟、芽眼饱满、无病虫危害的一年生枝。采集的插条按每根50~60 cm（5~6个芽）剪截，按品种、粗度分别以50~100根捆成一捆，然后挂上标签，标明品种、数量、采集日期、地点等信息（图40）。

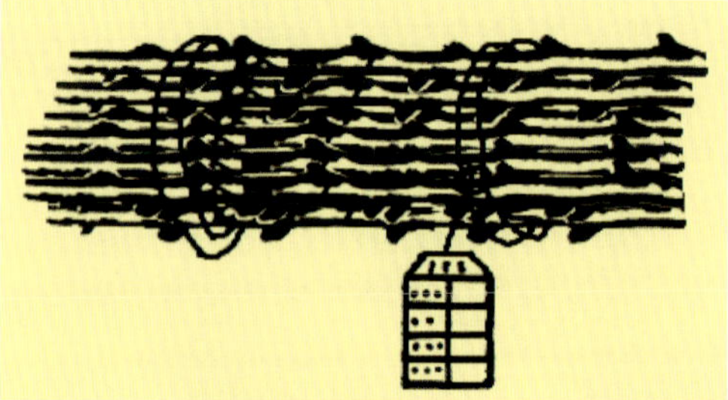

图40 插条的采集

插条采集后，为了减少水分的散失，保证插条质量，应尽快进行贮藏。贮藏方法有沟藏和窖藏两种，我国北方一般多采用沟藏。具体方法为：选择地势较高、排水良好、向阳背风的地方开沟，沟宽80~120 cm，深80~100 cm，长度视插条数量而定。贮藏时，先在沟底铺5~10 cm厚的湿润河沙，把成捆的插条竖立或平放在沙上，在插条之间填满湿沙，再在插条上面盖30~40 cm的湿沙或细土。沙的湿度以手握成团、一触即散为宜。最上面盖20~40 cm（寒冷地区适当盖厚）的土或草帘防寒。贮藏大量插条时，为了使贮藏沟适当通气，可在沟中每隔3~5 m插入一个草把（图41）。

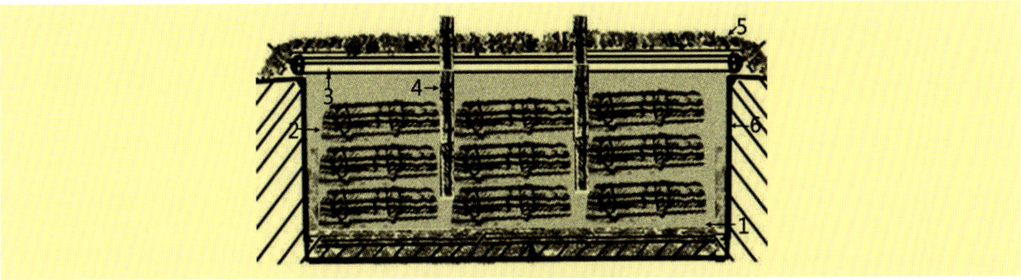

图41　插条的贮藏

1. 底沙；2. 插条；3. 支棍；4. 草把；5. 草帘；6. 沟壁

2. 插条的剪截与浸泡

春季从贮藏沟中取出插条，在清水中浸泡12 h后，选择皮色新鲜、芽眼完好的枝条，按15~20 cm（2~3个芽）剪截，上端剪口距芽眼1~2 cm处平剪，下端剪成马耳形斜面。剪口要平整光滑，以利愈合。剪好的插条顶端向上，每50~100根扎成一捆，准备催根或扦插（图42）。

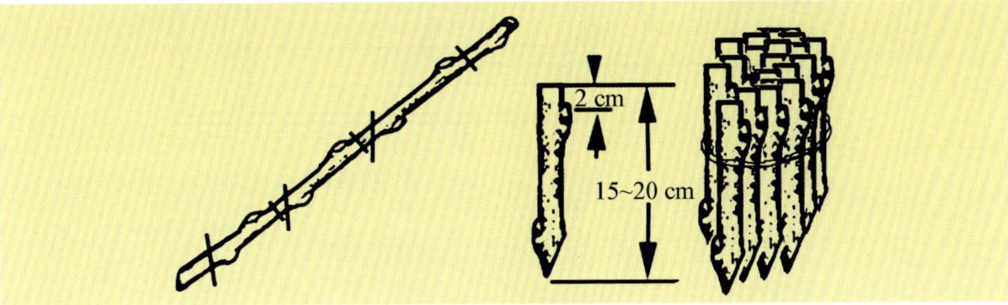

图42　插条的剪截

3. 生根剂处理

剪截后即进行生根剂处理。常用的生根剂有萘乙酸（NAA）、吲哚乙酸（IAA）、吲哚丁酸（IBA）、ABT生根粉等，其使用方法包括高浓度速蘸和低浓度长时间浸泡。应注意浸蘸的部位为插条基部（图43），不能使最上端芽眼蘸到药

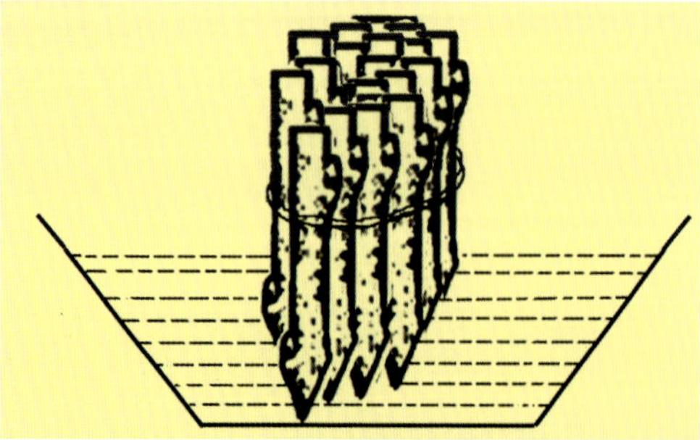

图43 生根剂处理

剂，否则影响萌芽。

4. 催根 / 愈伤组织

软枣猕猴桃属于易生根植物，在生产上常用人工催根的方法促使插条提早生根，以提高扦插成活率。常用方法为在生根剂处理后用电热温床催根。

催根一般在扦插前20~25 d进行，具体方法为：铺设电热温床。在电热线下方铺设厚度为5~10 cm的苯板或稻草帘，以减少向下散热；苯板上铺设5 cm厚的湿沙后整平，上面布设电热线（图44）。布好电热线后，在电热线上铺一层湿沙，厚度3~5 cm，将浸蘸过药剂的插条下端向下，成捆直立放置于电热温床上，捆间用湿沙填充，顶芽外露（图45）。插条基部温度保持在20~25℃（温度过高会导致生根前发芽，减少成活率），气温控制在8℃以下。保持床面湿度60%左右，湿度过大插条基部容易腐烂，过小则会影响愈伤组织的形成。催根期间应尽可能降低空气温度，这样可延缓萌芽，一般经过15~20 d，插条便可产生愈伤组织并开始生根。

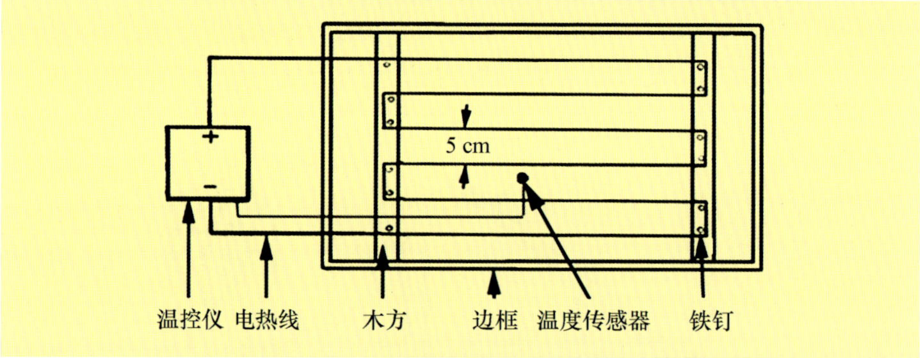

图44 电热温床布线示意图

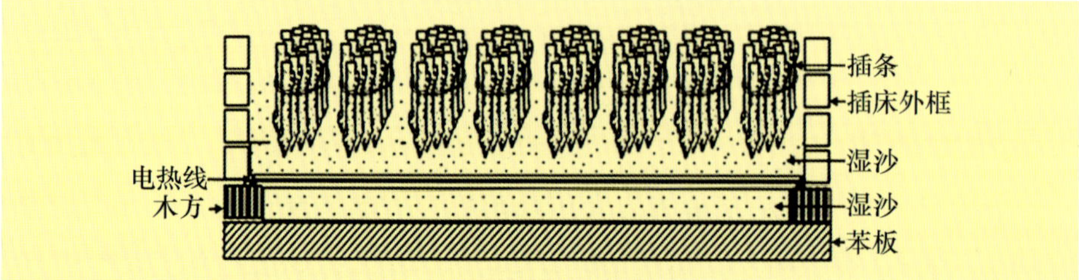

图45 电热温床催根示意图

5. 整地做畦

软枣猕猴桃育苗应选择地势平坦、土壤肥沃、无病虫害的沙质壤土，且具备灌溉条件，交通方便。整地前每亩施腐熟的有机肥3~4 m^3，均匀撒施于地表，之后进行旋耕，使土壤细碎，然后做畦，畦宽0.8~1 m，高10 cm（图46）。

图46　用于扦插的高畦示意图

6. 扦插

软枣猕猴桃露地扦插，以土温（15~25 cm处）稳定在10℃以上时进行最为适宜。扦插距离10~15 cm，插入深度以5~10 cm为宜。插后用多菌灵药液灌透苗床进行杀菌，并使插条与土壤密切接触。

7. 扦插后管理

（1）搭建小拱棚遮阴

在苗床上搭建覆盖整个苗床的小拱棚，覆盖棚膜压紧四周，保持苗床温湿度，之后在小拱棚上覆盖一层遮阳网，降低苗床光照并防止拱棚内温度过高（图47）。

（2）灌水

发芽前要保持苗床一定的温度和湿度。苗床缺水时应适当灌水，但不宜频繁灌溉，以免降低地温，或通气不良，造成烂根。

（3）抹芽和摘心

发芽后一般只保留1个新梢，其余应及时抹去。当新梢长度达10 cm以上时可进行摘心，以促进根系发育。

图47　扣小拱棚并遮阳

图48　苗床放风炼苗

（4）炼苗

扦插枝条根系达到3~5条，长度5 cm以上时，逐步开始对苗床进行放风，风口由小到大，时间由短到长，当苗木适应小拱棚外部环境后，逐步撤掉棚膜和遮阳网（图48）。

（5）苗床管理

及时拔除苗床上的杂草（图49），检查并拔除腐烂的插条，保留生根插条。

（6）移栽或牵引

新生苗木炼苗后，可进行移栽或者直接牵引（图50），引导苗木直立生长。新梢长到80~100 cm时应进行摘心，使其充实，提高苗木质量。

（7）追肥

苗木生长期间，可7~10 d进行一次叶面喷肥，促进苗木健壮生长。当新梢长度达30 cm以上时，应结合灌水追施速效性氮肥1~2次，每亩施尿素5~10 kg。

（8）病虫害防治

注意防治白粉病、褐枯病、锈壁虱、红蜘蛛等病虫害和蛴螬等地下害虫，保证幼苗健壮生长。

图49　苗床拔草

图50　苗木牵引

三、软枣猕猴桃绿枝扦插苗如何培育?

软枣猕猴桃绿枝扦插在植株生长季进行。为提高成活率，保证当年形成一段发育充实的枝条，绿枝扦插时间要尽量早，一般应在6月底前进行。

1. 制作插床

绿枝扦插宜用河沙、蛭石、草炭等通透性能好的材料作苗床基质。苗床深宜20~30 cm，床底部不能存水，以防新梢基部腐烂；床内铺15 cm厚的粗沙，并用多菌灵消毒；插床上安装塑料小拱棚并用遮阳网遮阳。

2. 插条的采集与处理

在生长季结合夏季修剪，采集粗度在0.5 cm以上的半木质化新梢。选生长健壮的植株采集，随采随用。将采下的嫩枝剪成长15~20 cm的枝段，上剪口于芽上1 cm左右处平剪，下剪口稍斜或剪平。为减少蒸腾耗水，应除去插条的部分叶片，仅留上端1~2片叶（大叶型可将叶片剪去1/2），以维持光合作用，制造养分保证生根、发芽和生长使用。插条下端可用萘乙酸、吲哚丁酸（IBA）、吲哚乙酸（IAA）、ABT生根粉等处理，处理后立即扦插。

3. 扦插

将用药剂处理过的插条按10 cm × 15 cm的株、行距插入整好的苗床内，留顶芽在外。扦插应适当密插，这样有利于保持苗床的小气候环境；应直插，且宜浅不宜深（插入部分约为穗长的1/3）。插后要灌足水，使插条和基质充分接触；扣上塑料小拱棚并进行遮阳（图51）。

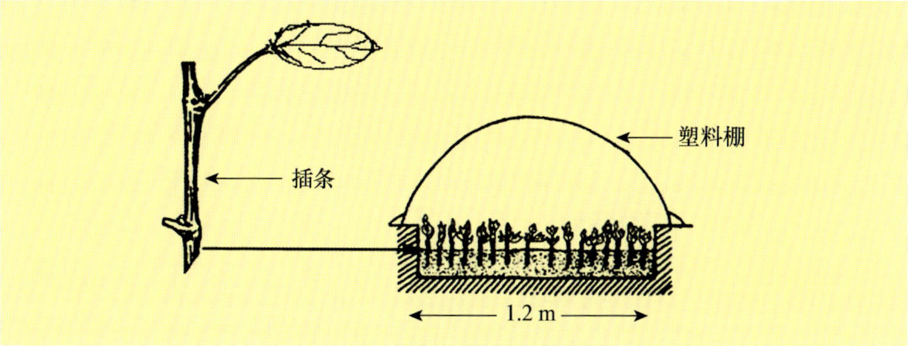

图51　绿枝扦插示意图

4. 扦插后管理

绿枝扦插必须进行遮阳，避免强光直射。扦插后应注意光照和湿度的控制，保持苗床基质湿度和拱棚内空气湿度，勿使叶片萎蔫；生根后逐渐放风和增加光照，及时排除苗床多余水分，拔除苗床杂草和未成活的插条。绿枝扦插苗由于生长时间短，当年生长量不大，当萌发的新梢生长到30 cm 以上时可对其进行摘心，促进新梢成熟，增加粗度。

四、软枣猕猴桃嫁接苗如何培育？

嫁接育苗是软枣猕猴桃苗木繁殖的主要方法之一。从生产实践来看，嫁接苗在抗病虫、抗寒、耐涝、抗旱等方面均比自根苗有优势，越来越受到生产者的青睐。

1. 砧木的培育

（1）种子采集

种子采集应选择生长健壮的野生软枣猕猴桃树，在果实完全成熟后采集。采后将果实揉搓挤碎，用水淘洗，冲去果肉，保留种子；将沉淀的种子漂洗干净后，置于阴凉通风处充分晾干（注意不能暴晒）。外购种子时要从有信誉的单位购买，注意种子的纯正，并做种子活力鉴定（图52）。

图52　软枣猕猴桃的种子

（2）种子的贮藏

收集到的种子或购入的种子如暂时不用应妥善贮存保管。种子贮藏前应清除其中杂物及破损、虫蛀种子，充分阴干，使其含水量在10%~13%。然后装入布袋，附上标鉴（标鉴上注明名称、产地、质量等），放在无人居住的室内通风避光处。贮藏期应注意防止鼠害和虫蛀。如果种子量大应放在专门的林木种子库内，在10℃以下温度条件下贮藏。

图53　砧木种子层积处理

（3）层积处理

砧木种子必须在2~5℃低温条件下进行层积处理后才能发芽。层积处理开始的时间要根据各地春季播种的时间和层积需要的时间来确定。一般在播种前50~70 d进行。层积处理的方法是：①将1份种子与5~6份清洁湿润的细沙混合均匀放入容器。细沙的湿度以手握成团、一触即散为宜；所用容器要依据种子量的大小而定，如种子量少时可放入木箱、花盆或其他容易渗水的容器中（图53）。②将容器埋在地势高、地下水位低的阴凉处，容器上口距地面20 cm左右，用沙土将坑填满，并稍高出地面。种子层积处理期间要注意检查，防止干燥，避免鼠害。春季气温回暖后，注意保湿和翻动，当多数种子露白时即可播种。

（4）播种时间

一般采用春播。春播时间为3月中旬到4月上旬，土壤解冻后即可进行。春播宜早不宜迟。

（5）整地做畦

苗圃地应选比较肥沃、有灌溉条件的沙壤土地，土壤黏重时会影响出苗率，也不能选用重茬地。春天播种前要施足底肥，耕翻耙平，做成宽80 cm的平畦，畦的长度根据播种量而定。

（6）播种

砧木种子播种方式有条播和撒播两种。

条播是将育苗地块做成宽度为80 cm的畦，用小锄在畦面开沟，行距20 cm，沟深1 cm，沟内灌小水一次，水渗下后播种，播种完在种子上覆盖0.5 cm厚的细土。条播时苗木成行，出苗整齐，苗木生长快（图54）。撒播是将畦翻耙整平后，灌足水，水下渗后及时撒种。撒播水分充足，出苗容易，出苗量大，但苗木稠密，长势弱。

早春当层积种子发芽露白（图55）时即可播种。播种前先将全部种子按小畦或行数分成若干份，以使播种量前后均匀。播种后马上覆盖0.5 cm厚的细土。播种覆土后畦面宜用稻草覆盖，或者用地膜覆盖后在地膜上用遮阳网遮阳（图56）。

图54 软枣猕猴桃条播及出苗情况

图55 种子露白

图56 播种后覆膜遮阳

（7）砧木苗的管理

软枣猕猴桃种子小，覆盖浅，苗床湿度变化对出苗影响较大，出苗前要保持苗床湿润，可用喷雾器或喷壶补充水分，保证种子出土。幼苗长到2~3片真叶时要进行间苗，株距5~10 cm；可结合间苗进行带土移栽，这样成活率高，缓苗也快。苗木进入迅速生长期后，可根据天气和土壤水分情况及时灌水，并进行叶面喷肥。在苗木生长后期，应控制土壤水分，防止其徒长；当雨季苗圃地积水过多时要及时排水，以防因长期积水引起根系腐烂，甚至苗木死亡。

在苗木生长前期主要施氮肥，以满足其迅速生长对氮素的需要；后期应追施以磷、钾肥为主的复合肥，以促进苗木充实。整个生长过程中追肥2~3次即可，每次追肥后要及时浇水。

苗木生长期间要及时中耕松土，以疏松土壤，增加土壤通透性，提高地温，减少水分蒸发，促进幼苗的生长发育。中耕还可以除去杂草，保证苗木的营养供应，改善光照和通风条件，减少病虫害的发生。

幼苗易发生立枯病、茎腐病和猝倒病，低温、高湿的情况下发病更严重。轻者缺苗断垄，重者大量成片死亡。因此要及早防治。可在幼苗出土后对土壤消毒，选用200倍硫酸亚铁溶液、500~800倍50%多菌灵液或300~500倍65%

代森锌可湿性粉剂灌根，施药后浅锄。

在苗高30 cm时适时摘心，可促进幼苗的加粗生长。秋季落叶后将砧木苗挖出后分级贮藏越冬，第二年重新定植培育，也可以在苗床上覆盖稻草、草帘等防寒物，露地越冬。第二年春季对苗木留基部2~3个芽平茬，萌芽后每株选留1个健壮的枝条进行培育用于嫁接。砧木苗第二年6月可进行绿枝嫁接，用于硬枝嫁接的砧木一般需要等到第三年开春才能使用。

2. 绿枝嫁接

（1）嫁接时间

当砧木和接穗均半木质化时即可开始嫁接，可一直嫁接到成活苗木新梢在秋季能够成熟为止。辽宁地区一般在6月上旬开始。

（2）嫁接方法

目前育苗生产中绿枝嫁接主要用劈接法。选半木质化的枝条作接穗，砧、穗枝条的粗度和成熟度一致时，成活率高。

（3）接穗准备

绿枝嫁接用的接穗，从品种纯正、生长健壮、无病虫危害的母树上采集，可与夏季修剪、摘心等工作结合进行。要求采用半木质化新梢，剪下后立即剪去叶片，保留1 cm长的叶柄，放入盛有少量水的桶内或用湿布包好。最好在圃地附近采集，随采随用，成活率高。如从外地采集，应注意保湿、降温，剪下的枝条用湿布包好后，外边再包一层塑料薄膜，并尽快运到嫁接地点，尽量做到当天采的接穗当天嫁接完。若当天用不完，应用毛巾将接穗包好，放在低温（3~5 ℃）处或湿河沙中保存。

（4）嫁接

嫁接时在砧木距地面15~20 cm处剪断，留下叶片，抹除所有芽眼生长点，用刀在断面中心垂直劈下，切口深度2.5~3 cm。选与砧木粗度和成熟度相近的接穗，在芽上方1~2 cm和芽下方3~4 cm处剪下，制成全长4~6 cm的穗段，再用刀从芽下两侧削成长2~3 cm的对称楔形削面，削面应一刀削成，要求平滑、倾斜角度小而匀，然后将削好的接穗轻轻插入砧木的切口中，使接穗削面基部稍露出砧木外2~3 mm（俗称“露白”，利于产生愈伤组织），对齐砧、穗一侧形成层，然后用1 cm宽的塑料薄膜，从砧木接口下部向上缠绕，只将接芽露在外边，一直缠到接穗的上剪口，封严后再缠回下边打结扣即可（图57）。

（5）嫁接后管理

苗木生长过程中要根据土壤干湿情况及时浇水，保持土壤湿润。首先，嫁接后应立即灌水，做到当天嫁接当天灌水，以保持嫁接苗具有较高的根压，有

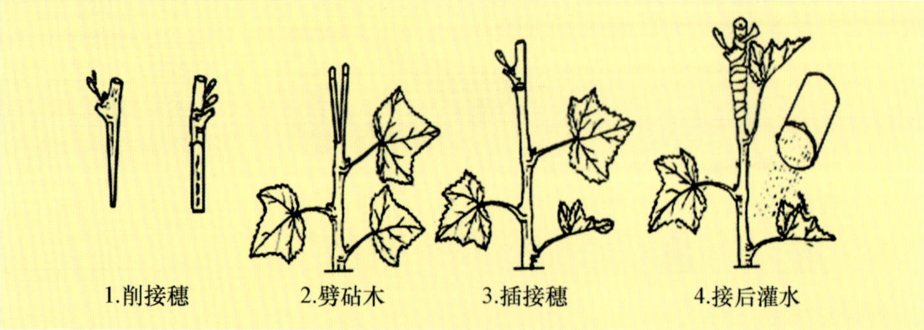

图57　绿枝嫁接示意图

利于根系吸收水分和养分。遇到阴雨连绵或大雨天气，则应及时排水。下雨、灌水后要松土除草，久旱也需松土，切断土壤毛细管，以利保水，防止杂草生长。如发现苗木生长衰弱，可通过滴灌系统或在叶面喷肥方法进行补充施肥。在新梢长到20 cm以上时可追施氮肥，后期追施磷、钾肥。立秋后为了防止苗木贪青徒长，促进苗木枝条木质化，应控制灌水量。

嫁接后砧木上极易萌发萌蘖，消耗苗木营养，影响接芽萌发和生长，必须及时反复摘除砧木的萌蘖，以集中营养供给接芽萌发和新梢生长，一般要持续到苗木绑梢上架以后。有时接穗的芽眼能同时萌发出2个或更多新梢，要选留1个强壮的新梢，将多余新梢及时抹除。当嫁接新梢成活后迅速加粗生长时，要及时解除接口绑扎物。待新梢长到30 cm以上时，要及时立竿引缚，防止风折和碰断；以后要随着幼苗生长进行多次引缚。为使软枣猕猴桃苗木新梢在早霜来临前充分木质化，至少要保证苗木基部有4~5个及以上成熟饱满芽，应适时对苗木进行摘心。无霜期短的地区栽植的、新梢不易木质化的品种及苗梢枝芽没有再利用价值的苗木，应早摘心；相反，可晚摘心。

3. 硬枝嫁接

（1）接穗准备

硬枝嫁接用的接穗一般结合冬剪采集，可在母本园或生产园冬剪时，修剪一个品种，收集一个品种，以免品种混杂。采集时选择充分成熟、芽眼饱满、无病虫为害的一年生枝条，按枝条长短、粗细分类，每50、100、200条捆扎整齐，挂上标签，标明品种、数量、产地等，然后送至阴凉处培上湿沙或覆盖草帘预贮，待气温降至6 ℃以下时入窖埋藏。

（2）嫁接时期和方法

硬枝嫁接一般在早春软枣猕猴桃伤流之前或砧木萌芽之后进行。室外苗圃地可采用劈接，室内可采用劈接或舌接。田间劈接的砧木，应在离地表

10~15 cm处剪截，在横切面中心线垂直劈下，劈口深2~3 cm。接穗取1~2个饱满芽，在顶部芽以上2 cm和下部芽以下3~4 cm处截取，在芽两侧分别向中心切削成2~3 cm的长削面，削面务必平滑，呈楔形，随即插入砧木劈口，对准一侧的形成层，并用塑料薄膜带将嫁接口和接穗包扎严实，并露出芽眼（图58）。

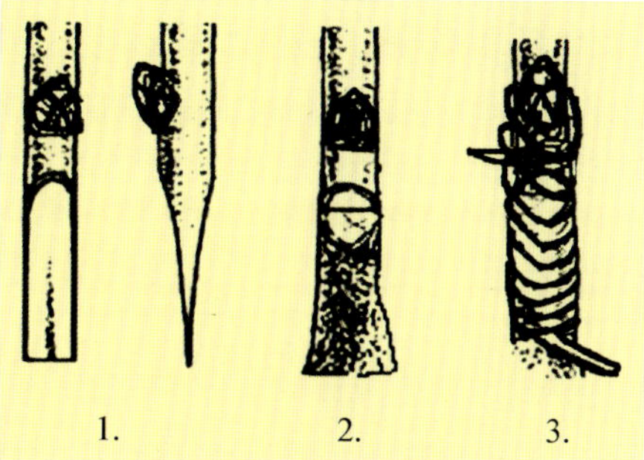

图58　硬枝嫁接示意图

1. 削接穗；2. 插接穗；3. 绑缚

（3）嫁接后管理

室内硬枝嫁接的苗木，应在嫁接后移栽到苗圃地。田间管理内容包括土、肥、水管理和嫁接植株的抹芽、除萌、搭架、绑梢、解除嫁接口包扎物、新梢摘心、病虫害防治等，其方法可参考绿枝嫁接苗的管理技术。

五、软枣猕猴桃容器苗如何培育?

容器育苗是利用塑料袋、纸袋、塑料杯、营养钵、木制容器等容器（图59）进行育苗。为了缩短育苗周期，常利用温室、大棚等保护设施，提早将插条扦插在容器内，让其提前生根发芽，待露地霜冻过后、气温较高时定植田间。容器育苗苗期短，在生长季随时可定植，定植时不损伤根系，无需缓苗，成活率高，苗木长势好（图60）。

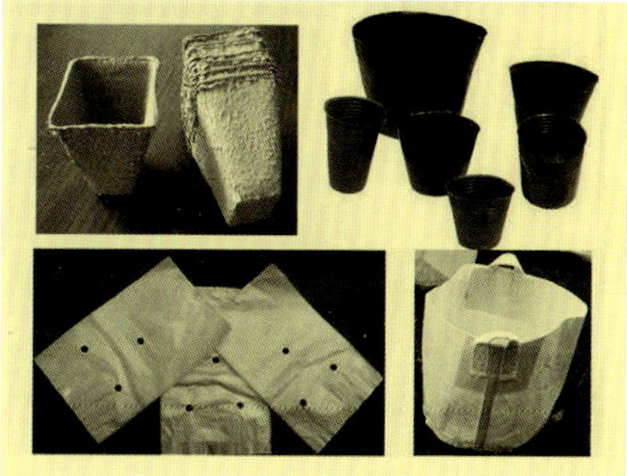

图59　育苗容器

容器育苗流程如下：

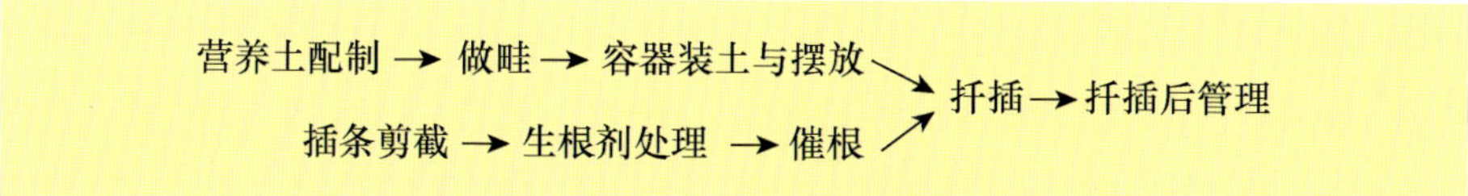

图60　容器育苗流程示意图

1. 营养土的配制

营养土一般用肥沃壤土、粪肥、通气介质（如草炭土、细炉渣、珍珠岩、河沙等）配制，比例为壤土1份，粪肥0.5份，通气介质1份，也有的用园土4份加蛭石或粗沙1份配制，再加入5%的腐熟鸡粪或饼肥。切忌使用未经腐熟的有机肥料，以免烧根。

2. 做畦

在温室或大棚内做宽100~120 cm、长5~6 m的低畦，畦埂高15~20 cm（图61），为管理方便，两畦之间留有40~50 cm的小路，畦面要踏实整平。

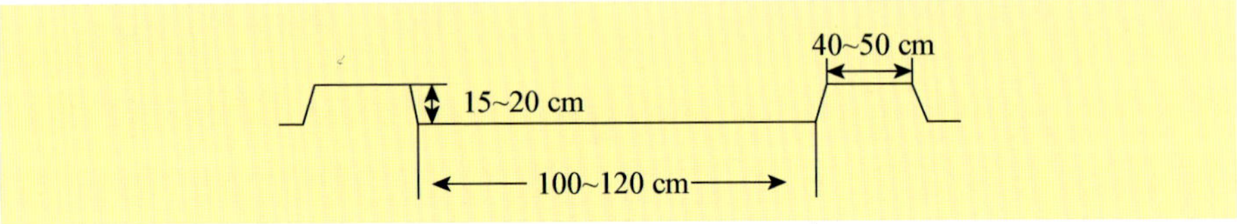

图61　低畦

3. 容器装土与摆放

将配制好的营养土装入容器。容器的大小可根据定植时间的早晚来确定，如在苗高20 cm以下时定植，可选高15 cm左右，直径8~10 cm的容器；如果在苗高30 cm左右时定植，可选高20~22 cm，直径15~18 cm的容器。容器底部要求有孔，以利透气和排水。将装好土的容器整齐而紧密地摆放在低畦中（图62）。

图62　容器摆放

4. 扦插

将已催出愈伤组织的插条插入容器中，顶芽露出土面（图63）。已长出较长幼根的插条，可先将插条放入容器中再装营养土，以免损害幼根。当一畦摆满后应立即浇透水，也可将低畦灌满水，使水从容器底的小孔渗入，直到容器内营养土全部湿透。为了保温、保湿，可在畦面上扣小塑料拱棚，拱棚外遮盖遮阳网（图64）。

图63　容器扦插育苗

图64　扣小拱棚保温、保湿

5. 扦插后管理

扦插后的管理内容主要是按时浇水，保持容器内土壤湿度。扣有小塑料拱棚的，可在插条长出3~4片叶时逐渐揭去拱棚。在幼苗生长过程中要注意及时除草，防治病虫害。待苗木新梢长出5~6片叶，露地土温达到10 ℃以上时即可定植。定植时将苗从容器中取出，采用深栽浅埋的办法将苗带土坨直接定植于大田，并立即浇水。

六、软枣猕猴桃苗木如何保存?

1. 苗木检疫与消毒

苗木检疫是防止病虫传播的有效措施，中国各地均已成立了检疫机构。苗木在包装或运输前应经国家检疫机关或指定的专业人员检疫，获得检疫证方能外运。严禁引种带有检疫对象的苗木、插条和接穗。苗木在出圃时要进行消毒，以防止病虫害的传播。目前，我国软枣猕猴桃苗木消毒的过程往往被忽略，应在栽植前结合苗木浸泡过程施药消毒。

2. 苗木假植

苗木出圃后如不能及时贮藏或外运，要进行短期假植。可选避风背阴、不积水的地方挖沟假植，假植沟深约30 cm，长、宽视苗木数量而定；将苗木根部放入假植沟，用湿河沙或细土培严，防止风干（图65）。存放期间要勤检查，以防湿度过大使根部霉烂，或沙、土过干而致苗木脱水死亡，严寒天气还需采取防冻措施。

图65 苗木假植

3. 苗木贮藏

我国软枣猕猴桃苗木冬季贮藏一般利用河沙直接埋藏于窖和库房内。苗木码垛，一般根对根，一层苗一层沙，垛高不超过2 m，垛间留出通气间距0.3~0.5 m。这种贮藏方法投资少，易行。也可采用沟藏法，其贮藏方法和插条的贮藏方法相同（图66）。

可将苗木放入衬有保湿塑料袋的贮藏箱内，然后通过机器将贮藏箱码放在恒温恒湿的贮藏库内，箱上标明品种、砧木及数量等。

无论采用何种贮藏方法，都要满足鲜活苗木最适生存条件，如对温度、湿度和氧气的要求。贮藏温度最好控制在0~4 ℃，秋天尽量晚起苗，推迟苗木入窖时间，减少苗木把田间热量带入库内，防止苗木霉变。湿度宜控制在60%~80%，湿度过低，苗木易失水，影响栽植成活率；湿度过大，苗木易霉变，出现烂根和萌发芽眼。

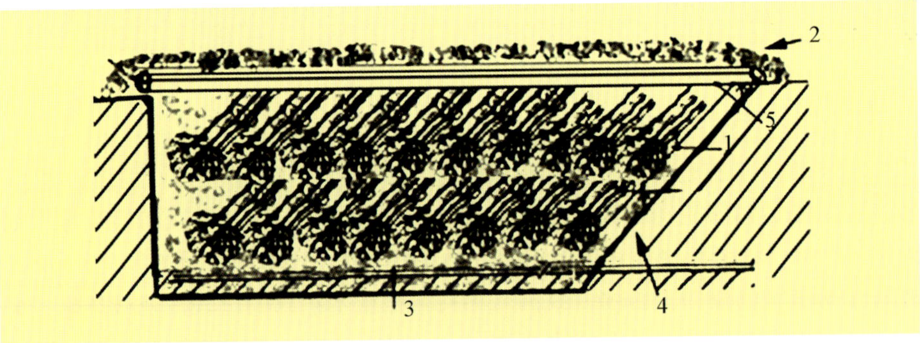

图66 苗木沟藏

1. 苗木；2. 防寒物；3. 底沙；4. 沟壁；5. 支棍

4. 苗木包装与运输

苗木贮藏运输离不开包装。我国苗木包装一般用纸箱、泡沫箱、编织袋、麻袋、木箱、蒲包、草袋等作外包装材料（图67），用湿锯末、苔藓、碎稻草

图67　苗木木箱包装运输

作填充物，用内衬薄膜塑料保湿。国外通用纸壳箱包装，内衬薄膜塑料，添加苔鲜等保湿材料，纸箱外标明生产企业、品牌、品种、等级、数量、产地等，方便查验。

苗木运输车辆要求密闭，在运输过程中要为苗木提供最适的温度、湿度条件。注意防干防冻，自根苗木必须在-4~8 ℃条件下运输，如果运输的是抗寒砧木嫁接苗，则最低温度可降至-10 ℃。

容器育苗需用木箱或塑料箱装运。箱子的高度不低于容器苗高度。苗木要直立、整齐紧密地放在箱内。装苗的前一天需喷透水，箱装好后，一层一层地摆放在运输车上，一般可装4~5层。需要暂放时，要喷水保持袋内土壤湿润。

第四章
Chapter 4

标准化软枣猕猴桃园的建立

软枣猕猴桃是多年生经济树种。建园是软枣猕猴桃商品化生产中的一项重要基本建设，涉及多项科学技术的综合配套。建园时既要考虑当地气候条件、软枣猕猴桃生长发育特点、园区规模、资金情况、技术力量、经营管理能力，同时也要做好市场调研，某一环节决策失误或实施不当，将带来重大的损失。因此，建园前必须进行综合考察论证，全面规划，精心组织实施。

一、软枣猕猴桃园选址要考虑哪些因素？

园址选择直接关系生产者的经济效益，尤其是大型的商品园，建园时一定要有长远规划，并做好各项基础工程，为以后的优质、丰产、高效奠定良好基础。园址的选择，既要综合考虑当地的气候、土壤、交通和地理位置等条件，也要考虑市场销售和流通情况。

气候条件是软枣猕猴桃建园选址的优先考虑条件，因为气候变化是人类难以控制的。园地的选择必须以我国较大范围的种植生态区划为依据，在软枣猕猴桃栽培的适宜区进行园地的选择，可以获得事半功倍的效果。目前影响软枣猕猴桃栽培的灾害性天气主要有冻害、晚霜、大风、持续高温、干旱、水涝等，因此，应避免在以上灾害频发地区建园。

园址应选择背风向阳、水源充足、灌溉方便、排水良好、土层深厚之地，土壤以有机质含量高、透气性好、pH中性或微酸的壤土、沙土地为好。避免在低洼地、风口处、易涝地和地下水位较高的地块、黏重土壤及盐碱地建园。

园区周边应没有工业污染，具有配套的水电设施，交通运输方便。条件适宜再发展，条件不适宜就不要勉强建园。

二、软枣猕猴桃园有哪几种类型？各有哪些优缺点？

软枣猕猴桃园根据地形不同可以分为平地园、山地园、丘陵地园、沙荒地园、庭院和长廊园等类型。

1. 平地园

平地园一般地面比较平整，地形变化较小，便于道路及排、灌系统的设计与施工，便于搭架并实施机械化操作管理，便于生产资料与产品的运输，提高劳动生产率（图68），比建立山地园投资少，产品成本较低，有利于提高果园效益；平地园水分充足，水土流失较少，土层较深，有机质较多，果树根系入土深，生长结果好，产量较高。平地果园地形变化较小，便于实施机械化操作管理，提高劳动生产率，便于道路及排、灌系统的设计与施工等。但平地园的通风、日照和排水等均不如山地园，果实的色泽、风味、含糖量、耐贮性等方面也比山地园差。

图68　平地园

2. 山地园

我国山地面积广阔，占全国陆地面积的2/3以上；山地空气流通，日照充足，温度日差较大，有利于作物碳水化合物的积累。利用条件适宜的山地发展软枣猕猴桃生产不仅符合国家“果树上山下滩，不与粮棉争地”的方针，而且对调整和优化山区经济结构、改变山区贫困落后面貌，具有重要现实意义。选择山地建园时，应注意海拔高度、坡度、坡向及坡形等地势条件对温、光、水、气的影响。由于山地气候变化复杂，因此在山地建园时，必须熟悉当地小气候，避开风沙口，防止水土流失，培肥地力，并因地制宜地选择品种和栽培技术（图69）。

3. 丘陵地园

丘陵是介于平地与山地之间的过渡性地形，选址于此时要考虑土壤类型、土层厚度、土下母质层性质、植被、有机质含量及小气候等情况。丘陵地建园时水土保持工程和灌溉设备的投资较少，交通较方便，便于实施农业技术，是较为理想的建园地点（图70）。

4. 沙荒地园

我国河流故道形成了众多的沙土地。沙土地的缺点是有机质含量低，但沙土地土质疏松，易于耕作，透水性好，增温快且温差大，因此沙土地经过改造是可以建立优质软枣猕猴桃果园的。对于沙荒地可通过平整土地、植树造林、

图69　山地园

图70　丘陵地园

图71　庭院栽培

图72　长廊栽培

深翻改土、增施有机肥、设置沙障等方法改造。经过高标准改造后一般具有很好的经济效益。

5. 庭院和长廊园

除上述类型，还可利用农户房前屋后及周围的闲散土地种植软枣猕猴桃，发展庭院经济（图71）。或发挥软枣猕猴桃“占天不占地”的特点建成观光长廊，在美化环境的同时产生经济效益（图72）。

三、软枣猕猴桃园如何规划？

园址选定后，要遵循“因地制宜，节约用地，合理利用，便于管理，园貌整齐，持续发展”的原则对园区进行设计，主要包括作业区、道路系统、辅助设施、防护林、水利设施等的设计。应在实地调查、测量，作出平面图或地形图的基础上，根据图、地配合作出具体规划。各部分占地比例是：作业区占地90%，道路系统占3%，水利设施占1%，防护林占5%，其他辅助设施占1%。

1. 作业区

为便于作业管理，面积较大的作业区可划分成若干个小区。地势平坦一致时，小区面积可为50~150亩。小区以长方形为好，可以减少机械作业时的打转次数，提高作业效率。长边与短边按2∶1或5∶（2~3）设计，小区的长边应与主风带垂直（与主林带平行）。山地地形复杂，变化较大，要根据地形、地势等划分小区，小区长边与等高线平行，面积15~50亩即可，划分时要有利于水土保持，防止风害，便于运输和机械化作业（图73）。

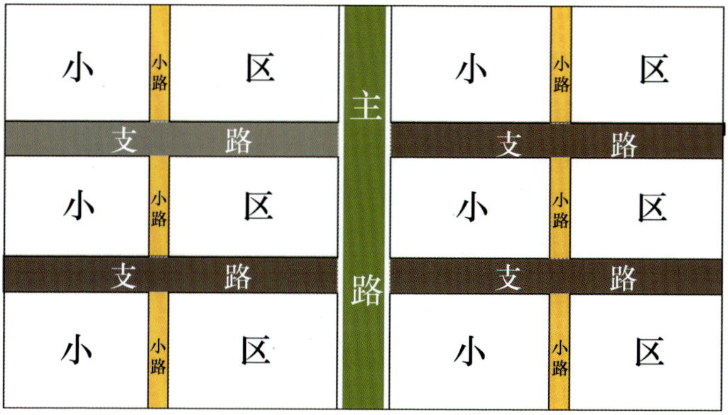

图73　平地园规划

2. 道路系统

道路系统关系到日常的管理和运输效率，其规划设计应根据实际情况安排。大型园需要设计干路、支路、小路三级。干路要求位置适中，贯穿全园，一般建在大区的区界，宽6~8 m，外与公路连接相通，内与建筑物、支路连接，以方便运输；支路与干路垂直相通，一般设在小区的分界，宽4~6 m；小路即小区内或环园的管理作业道，与支路连通，宽2~3 m，便于人工和小型机械作业。小型园，为了减少非生产用地，可以不设干路和支路，只设环园和园内作业道即可。山丘地园，地形复杂多变，干路应环山而行或呈“之”字形，坡度不宜太大，路面内斜3°～4°，内侧设排灌渠。平地或沙地园，为减少道路两侧防护林的遮荫，可将道路设在防护林的北侧。

3. 水利设施

灌溉系统的设计首先要考虑水源，水源主要有河、湖、水库、井、蓄水池等。灌溉系统分为干渠、支渠和毛渠。采用地下水灌溉的可以在适当的位置打井，平原应每100亩打一口井，水井应打在小区的高地及小区的中心位置。修建灌溉系统可与道路、防护林带建设相结合，以提高劳动效率和经济效益。主路一侧修主渠道，另一侧修排水沟，支路修支渠道。山地果园的灌水与蓄水池相结合，蓄水池应设在高处，以方便较大面积的自流灌溉。在果园上方外围设一道等高环山截水沟，可使降水直接入沟进入蓄水池，以防止冲毁果园梯田、撩壕。每行梯田内侧挖一道排水浅沟，沟内作成小埂，做到小雨能蓄，大雨可缓冲洪水流势。地下水位高、雨季可能发生涝灾的低洼地、盐碱地必须设计规划排水系统。除了常规的地面灌溉方式外，有条件的地区还可采用喷灌、滴灌或渗灌的方式。

4. 防护林

营建防护林可以改善园区的生态条件。防护林一般包括主林带和副林带，有效防护范围为林木高度的15~20倍。山地主林带应设在果园上部或分水岭等高处。沿海和风沙大的地区应设副林带和折风带，林带应加密，带距也应缩小。主林带应与当地主风向垂直，主林带间距宜400~600 m，植树5~8行。副林带与主林带垂直形成长方形林网，植树2~3行。防护林树种应因地选用，最好乔、灌木结合，落叶与常绿结合。

5. 辅助设施

园区规划除了要考虑上述因素外，还要考虑生产生活用房、粪池、包装与预贮场地、贮藏保鲜及各种辅助设施等项目，以便于果品的贮藏。

四、建园当年的主要投入有哪些？

软枣猕猴桃建园主要投入包括地租、苗木、搭架、肥料和农药等农资。

1. 地租费用

不同地区地租差异较大，可根据当地具体情况进行预算。每亩300~1 000元不等。

2. 苗木费用

栽植株行距1.5 m×4 m，每亩栽植112棵。苗价格按照10元/棵计，每亩苗木费用为1 120元。

3. 架材费用

水泥柱：每亩需水泥柱40根，价格20元/根，费用为800元。

钢线：每亩需钢线150 kg，8元/kg，费用为1 200元。

4. 挖沟定植费用

每亩整地、开沟、定植等费用600~700元。

5. 肥料、农药等费用

每亩需购买有机肥、化肥、农药、地膜等费用800~1 000元。

6. 滴灌材料费用

每亩安装滴灌设施需要500~800元。

综上所述，新建园当年需要投入5 000~6 000元/亩。

五、软枣猕猴桃常用架式有哪几种?

软枣猕猴桃是多年生藤本植物，枝蔓比较柔软，栽培时需要搭架才能使植株形成良好的树体结构和叶幕结构，以利于通风透光、减少病虫害，便于在园内管理和操作。软枣猕猴桃的架式、树形、修剪、叶幕结构之间必须相互协调。架式的选择还要具体考虑立地条件、品种和栽培技术等。目前，生产上应用较多的主要有“T”形架和棚架。

1. 篱架结构特点及搭建技术

架面与地面垂直，软枣猕猴桃枝蔓分布在顶部形成篱壁状，故称篱架，这种架式一般采用南北行向栽植。具体架设方法为：沿软枣猕猴桃栽植行方向设一排立柱，立柱距软枣猕猴桃栽植行30~40 cm，架面与地面垂直。架高因行距而定，一般架高150~180 cm，架上横拉2~4道铁丝。具体应用时其架高和铁丝的道数应依据品种、树形、气候、土壤等情况而定。建架时，行内每400 cm设一支柱（采用钢管、水泥柱等）。边柱埋入土中70 cm，在其内侧用支柱加固或者边柱稍向外倾斜，并在其外侧用锚石固定（图74）。中柱埋入土中50 cm，然后用8号镀锌铁丝按要求连接支柱，最下面第一道铁丝距离地面50~60 cm，之上间距40~50 cm。铁丝用紧丝器拉紧，然后用“U”形钉或其他方法固定在各个支柱上。可在每行两端的铁丝上安装一个紧线装置，以便随时拉紧铁丝。

采用篱架时，植株单行栽植，枝蔓均匀引缚在架面上（图75）。篱架的优

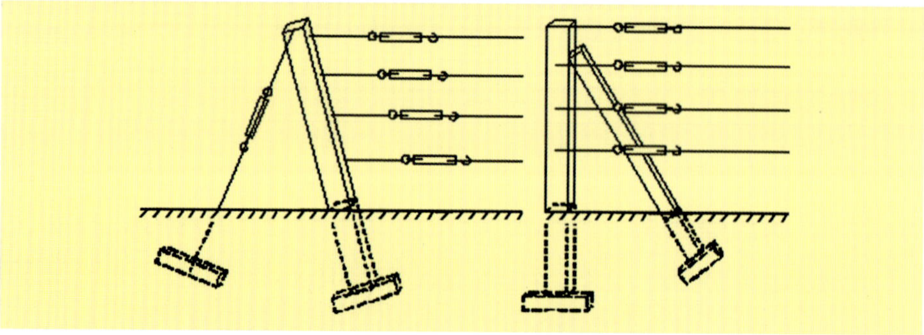

图74　软枣猕猴桃架边柱的加固

点是适宜密植，方便田间管理，适于机械化作业（耕作、喷药、采收等）；架面通风透光好，整形快，结果早，早期丰产性能好，果实品质佳；支架容易，架材较省。缺点是有效架面相对较小，行间漏光量大；架面垂直受光不均匀，架面上部顶端优势强，易造成上强下弱，结果部位容易上移，日烧较严重，架面下部受光差、受光时间短，果距离地面较近，易感染病害和受泥土污染，果实品质差；后期树体老化、产量低、质量差。

篱架适于生长势较弱的品种，常用的树形有龙干形、单臂水平形、双臂水平形等，目前在国内有少量使用。

2.“T”形架及其搭建技术

“T”形架是在单篱架的顶端设一根横梁，横梁垂直于行向方向，长度250~300 cm，使架面呈“T”形，故称“T”形架（图76）。“T”形架在横梁上拉4道铁丝，在立柱上拉1~2道铁丝。

采用“T”形架时，植株单行栽植，枝蔓均匀引缚在横梁两端的铁丝上。叶幕呈“V”形、“M”形或平棚型。其优点是架面增大，枝叶分散，通风透光，树势缓和；结果枝悬垂，病虫害轻，品质优；省工，便于管理，有利于机械化作业等。缺点是行间空间变小，制作安装较单篱架费工费料。这种架式比较适合山坡梯田地。适合生长势较强的品种，适宜的树形有龙干形、一干两蔓羽状树形等。

图75　单篱架

图76　“T”形架

3. 水平棚架结构特点及搭建技术

水平棚架即把一个连片的栽植区整体搭成一个水平的棚架。一般架高200~220 cm，每隔4~5 m设一立柱，呈长方形或方形排列，四周边柱用锚石和紧线器把骨干线拉紧固定。周边的骨干线和内部通过立柱的骨干线用比较粗的钢绞线，骨干线之间的载蔓线用12号铁丝，顺行向在骨干线上每隔50 cm拉1道载蔓线，形成一个水平的棚面，使枝蔓水平均匀分布在距地面较高的棚面上。

采用水平棚架时，株栽植株行距较大，叶幕为水平叶幕（图77）。其优点是植株生长缓和，通风良好，光照分布均匀；枝、芽、叶、果生长发育平衡关系容易调控，果整齐，果实着色好、日灼轻，果品质量高，产量稳定，病虫害轻；土、肥、水管理相对集中；架下空间大，便于小型机械作业。缺点是前期产量较低，夏季修剪不及时会造成架面郁蔽和病害加重。

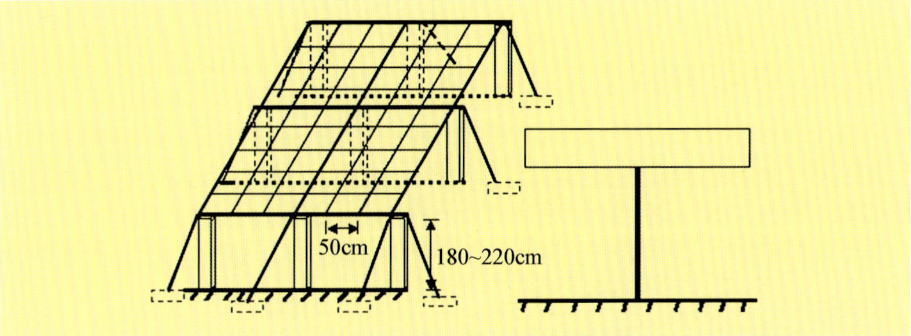

图77　水平棚架及叶幕结构示意图

水平棚架适合平地软枣猕猴桃园和生长势较强的品种，常用的树形有龙干形、一干两蔓羽状树形等。

4. 倾斜大棚架结构特点及搭建技术

倾斜大棚架长8~10 m及以上，架根（距离软枣猕猴桃栽植行最近的第一排立柱）高1.0 m，前柱（距离软枣猕猴桃栽植行最远的一排立柱）高2~2.5 m，架根和前柱中间每隔4 m左右设立一根中柱，中柱高度从架根向前柱逐渐升高；在架根和前柱上设横杆，在横杆上沿行向每隔50 cm拉一道铁丝，形成倾斜式架面。搭建时先将边柱和边横梁固定好，整好所有的支柱和横梁，最后固定铁丝。

采用倾斜大棚架时，植株距离架根0.5~1 m单行栽植，枝蔓均匀分布在倾斜架面上。叶幕与地面稍有倾角，近树侧较低，远树侧较高（图78）。其优点是单位面积植株栽植少，覆盖面积大；便于土、肥、水集中管理，通风透光；架面离地较高，能有效控制病虫害。缺点是栽植密度小，树冠成形慢，早期丰

图78　山坡地联体倾斜大棚架

产性差；棚面过大，单株负载量大，对肥水和整形修剪要求较高，管理不当容易出现枝蔓前后长势不均衡，结果部位前移，后部光秃，主蔓恢复和更新较难的情况；棚架较矮或低矮的倾斜部分，机械化作业比较困难。

倾斜大棚架适合地形复杂的山坡地，适合生长势比较强的品种，常用的树形有龙干形等。

5. 倾斜小棚架结构特点及搭建技术

图79　倾斜小棚架

小棚架架形结构与大棚架大同小异。架长4~6 m，架高比倾斜大棚架有所降低（图79）。小棚架弥补了大棚架的缺点，其优点是可以增加单位面积的栽植株数，有利于早期丰产；主蔓较短，前后生长均衡，容易调节树势，产量稳定，通过及时整形可以丰产、稳产，更新容易。

倾斜小棚架适用于我国北方丘陵坡地及地形不整齐的地块，适宜生长势中等的品种采用，常用的树形有龙干形等。

六、新建软枣猕猴桃园品种如何选择？

品种选择的正确与否，不仅关系到经济效益的高低，甚至影响建园的成功与否。选择品种时首先应考查品种的适应性、丰产性等因素，其次考虑生产目的、经济实力、栽培水平等因素。如选择品种时要考虑最适合当地气候条件的品种，以发挥其最佳栽培效益。选择抗寒品种是我国北方寒冷地区栽培软枣猕猴桃需要考虑的问题；选择耐高温、高湿品种是南方一些地区应注意的问题。经济实力强、技术水平高的产区，可以利用各种设施、手段排除不利因素，生产出符合市场需求的优质果品，品种选择空间相对较大。不论哪种用途或在哪个地区选择品种，丰产稳产、抗性及适应性强、管理简便等特性，都是不可忽视的问题。

1. 庭院及观光采摘园品种的选择

庭院栽培品种应集绿化、美化、观赏性与食用性于一体，强调抗病性强，栽培管理容易等特点。采摘园要选择浆果具有不同的色彩、不同形状，不同成熟期，不同品味以及叶片具有不同形状，新梢具有不同色泽等特点的品种，强调多样性。观光农业发达的地区，可根据观光旅游市场的淡、旺季需求，选择优质特色品种发展，满足观光采摘的需求，促进果农增收。

2. 鲜食生产园品种的选择

鲜食品种要求果大、形正、外观美、品质优、耐贮运。产品主要针对远距离进行销售时，尤其要求品种的贮运性好。在本地区进行销售时则可以早、中、晚熟品种搭配，多品种、小面积发展。技术力量雄厚的，宜选用栽培技术要求高、能生产高档果品的品种；技术力量较薄弱的，可选择栽培容易、结果早、易丰产、品质较好的品种，以迅速增加收益。具备温暖气候优势的地区，可选择早、中熟品种，以填补淡季需求，增强市场竞争力；具有冷凉气候优势的地区，可选择耐贮运的优质中、晚熟品种，以延长供应期，满足消费者的需求。

3. 加工生产园品种的选择

根据加工项目的不同，对品种的要求也不一样。加工果酒的品种要求果肉多汁，出汁率高，含糖量高，风味纯正。加工果汁的品种要求出汁率高，高糖，有香气，果汁颜色鲜艳，易于澄清，保存后风味不变。

总之，对于新建的规模化生产园，应根据具体情况确定1~2个主栽品种，根据市场需求，适时调整品种结构，避免盲目选择。

七、授粉树如何配置？

软枣猕猴桃为雌雄异株植物，建园时需要配置雄株进行授粉才能正常结果。在配置雄株后，不仅可大大提高坐果率，果品产量和品质也能得到显著提高，果形正，外观和品质更好。在选择雄株品种时，应注意以下条件：

（1）雌、雄植株花期相一致，并且亲和力强，授粉效果好。

（2）雄株花粉量要大，花粉活性高。

（3）雄株应能充分适应当地的环境条件，与雌株同时进入开花期且寿命相近。

授粉树的配置平地园多采用中心式，此为果园普遍应用的方式，雌雄比例为6~（8:1）。平地园也经常采用行列式配置，行列式便于管理，即每栽6~8行雌株，栽1行雄株，二者相间排列（图80）。

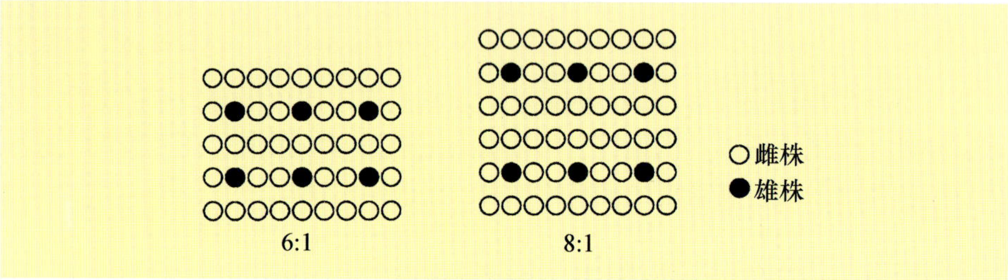

图80　雌雄株配置

八、软枣猕猴桃如何定植？

1. 栽植时期

软枣猕猴桃苗的栽植分为春栽和秋栽。春栽多在土壤解冻后至萌芽前进行，秋栽多在落叶期到土壤上冻前进行。在秋季雨水多、空气和土壤的湿度大、地温高的南方地区，采用秋栽比春栽效果好，幼苗伤口当年可愈合，根系可以得到充分的恢复，翌年春天能及时生长，成活率高，地上部分生长好。但在冬季严寒、干旱、多风的北方地区，秋栽后要埋土越冬；此外，秋栽时各种农作物收获，比较繁忙，劳动力也比较紧张。因此，北方寒冷地区习惯于春栽，春栽后随着气温、地温的升高，苗木即进入生长季节，有利于成活。春栽宜早不宜晚，在芽没有萌动前栽植成活率较高。

2. 挖定植坑或定植沟

（1）定点与挖坑

根据果园规划设计的栽植方式和株行距，先在地面用石灰或木棍标定好定植坑或定植沟的位置（图81）。为了纵横成行，挖定植坑时应以定植点为中心，挖成圆形或方形的定植坑，定植坑的长、宽、深均应在0.6~0.8 m范围内。挖沟时沿定植行方向开一条定植沟，定植沟宽、深在0.6~0.8 m范围内。定植坑或沟的大小要根据土壤情况而定。在山区土层薄的地方或黏重地建园，应挖大些；而在沙壤地建园，可挖小些。挖坑或沟时如碰上岩石、河卵石或黏盘层，不但要挖大，还要将其中石头全部挖出，并用表土回填，挖定植沟可以用开沟机或者钩机（图82）。挖出的表土和底土要有规律地分开放置，并将坑或沟底翻松（图83）。在土壤条件差的地方，定植坑或沟也可提前挖出，秋栽夏挖，春栽秋挖，以使底层的土壤得到充分熟化，有利于苗木根系的生长。

图81　定点

图82　机械挖定植沟

图83　挖好的定植沟

（2）回填和施肥

定植坑或沟回填时，先在坑或沟底隔层填入有机物和表土，厚度各10 cm，有机物可利用秸秆、杂草或落叶。将其余表土和有机肥及过磷酸钙或磷酸二铵混合后填入坑的中部，近地面时填入表土。表土不够时可从行间取表土回填，保证定植沟中的土全部为表土。挖出来的底土可撒向行间摊平或做畦埂（图84）。回填时每亩应施入充分腐熟的有机肥（人粪尿、圈肥、鸡粪、羊粪等）5 000~6 000 kg、过磷酸钙10 kg或磷酸二铵10~15 kg。回填土和肥要逐层踩实，有灌溉条件的最好灌水使坑土沉实，再平整定植沟，做畦，准备栽植。否则定植后坑土会下沉，影响苗木的生长。对于地下水位较高或排水不良的地块，可在沟底直接填

30 cm左右厚、无污染且符合无公害标准的炉渣，作为渗水层，然后再回填表土。

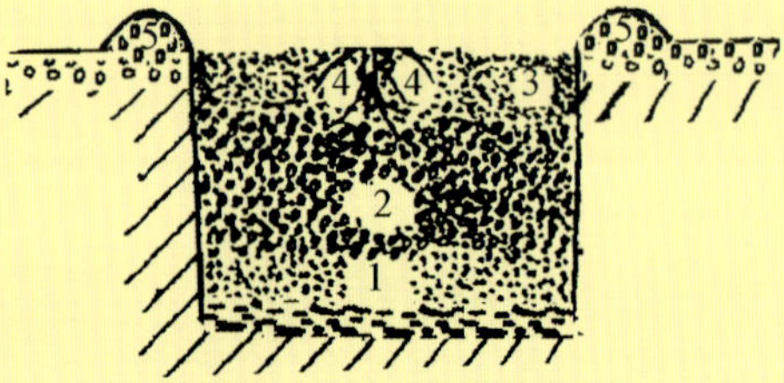

图84　定植沟回填

1. 有机物+表土　2. 表土+农家肥+化肥　3. 表土　4. 表土+少量化肥　5. 底土

3. 苗木准备

（1）选苗和分级

定植用的苗木根据优质壮苗标准进行选苗和分级，并仔细检查苗木有无检疫性病虫害。

（2）苗木栽植前处理

定植前对苗木进行核对、登记。栽植前对苗木进行适当修剪，剪去枯桩，保留2~3个饱满芽；对根系进行修剪，剪平伤口，剪去过长的根系，保留15~20 cm即可（图85）。将选好的苗木捆成捆放入清水中浸泡2 h，使根系吸足水分后再进行栽植。为了预防根部病害，苗木宜用多菌灵药液浸根5~10 min，捞出晾干。将根系用生根粉浸泡处理可提高栽植成活率。将浸过水或浸过生根粉液的苗木根部蘸上泥浆，即可栽植。也可在泥浆中加入生根剂，将苗木根部进行蘸泥浆处理（图86）。苗木准备好

图85　苗木根系修剪

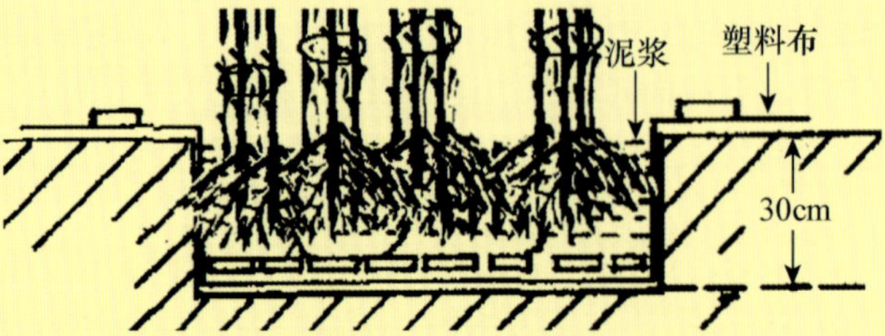

图86　苗木生根剂处理

图 87　苗木栽植

图 88　定植后做畦

后要立即栽植，若不能很快栽完，可用湿麻袋或草帘遮盖，防止失水干燥。

4. 栽植

栽植行向，平地以南北走向为宜，利于通风；山坡地栽植应按等高线栽植。栽植时，按品种分布及栽植株行距发放苗木。栽植前将回填沉实的定植穴底部堆成馒头形，踩实，一般距地面25 cm左右，然后将苗木放于坑内正中央，舒展根系，不要圈根，扶正苗木，使其横竖成行，随后填入取自周围的表土并轻轻提苗，以保证根系舒展并与土壤密接，确认位置正确后用土封坑，踏实（图87）。

栽植后沿行向在苗木两边修筑宽1 m的树盘，随后灌大水，待水渗入后在树盘内覆上1层松土，然后盖地膜或者秸秆保墒。栽植深度以与苗木在苗圃时的深度相同为宜，嫁接口要高出地面3~5 cm，扦插苗根颈部与栽植沟面平齐为宜。最后将多余的土做成畦埂（图88）。

5. 注意事项

栽植不宜过深或过浅，过深不易缓苗，过浅不易成活。在地下水位高的地块应适当浅栽或者起垄栽培（图89）。

图 89　起垄栽培

九、软枣猕猴桃栽植当年如何管理?

栽后管理的主要目标是提高定植成活率，保证苗木健壮生长，为以后的生长发育奠定良好基础。

1. 浇水、覆盖地膜或防草布

图90　树盘覆盖

苗木栽植后要立即浇水，扶正倒伏的植株，水渗后用表土在树干基部封土堆以固定植株，并将坑缝密合。隔5~7 d再浇一水，浇第二水后最好将树盘范围覆盖地膜、防草布或者稻草等（图90），以保持水分，提高地温，促进幼苗生长，防除杂草，减少管理费用。此法对提高干旱地区苗木成活率有很大作用。以后视土壤墒情及时浇水，浇水后还要做好保墒工作。在进入旺盛生长期的6月份，每株宜追施尿素50~100 g；在新叶初展后，每过半个月左右，于叶面喷施0.3%~0.5%的尿素1次，连喷2~3次；秋季叶面喷施0.5%的磷酸二氢钾，促进枝条成熟。雨季还要做好中耕除草工作。

2. 修剪、抹芽、定枝

苗木定植后要及时修剪，以减少水分损失，并使地上部和地下部保持平衡，利于幼树的成活和生长。每棵苗留3~5个饱满芽进行修剪。苗木发芽后，嫁接苗要及时抹除砧木上的萌蘖，以免消耗苗木中贮藏的养分，影响接穗芽眼萌发和新梢生长。同时本着“留下不留上，留壮不留弱”的原则，保留2个靠近苗木基部已经萌发的芽，但注意同一节位不留双芽。当第一个新梢普遍长到20~30 cm，少数壮苗达到40~50 cm时，根据整形要求选留主蔓，单蔓整形时疏除较弱的新梢，每个苗只保留一个新梢。双蔓整形时两个新梢均要留下（图91）。

图91　定植后抹芽

3. 检查成活情况及补栽

栽植苗木时应事先留下一定数量的预备苗木暂时假植，以备补栽之用。栽植后及时调查成活情况，分析死亡原因并及时进行补栽。补栽的时间以当年为好，或者于建园后第二年春季进行补栽。用于补栽的一般均为大苗，要求刨苗时苗木根系大，剪平伤口，并按树形要求进行修剪，去掉部分枝梢，栽后及时连浇两次水，确保成活及正常的生长发育。补栽苗木也可栽植于大的营养袋中，方便随时补栽。

4. 肥水管理

早期丰产栽培技术中最关键的是肥水管理。对于刚栽植的幼苗要注意保持土壤湿润，如果发现土壤干旱要及时灌水，但注意早春灌水量不宜过大，以免降低地温，不利于幼苗根系生长，一般以湿透干土层为宜，当新梢长到30~35 cm时要及时追肥。由于定植当年苗木根系很小，吸收营养元素的数量也较少，因此施肥要本着勤追少施的原则，一般每20~30 d追施一次，前期以氮肥为主，促进苗木迅速生长；后期以磷钾肥为主，以利于花芽形成和促进枝条成熟，一年追施3~4次即可。后期施肥时应注意：随着苗木生长，开沟的位置要适当外移，肥料的用量可根据苗木生长势酌情增减。

5. 新梢绑缚、摘心

定枝后，立即设立竹竿作为支架。随着苗木新梢的生长，随时抹除多余萌蘖，以利于通风透光，减少病害。当苗木新梢长至距地表30 cm以上时即可进

图 92　插竹竿绑缚

图 93　幼树下架秸秆覆盖防寒

行绑缚（图 92），并注意新梢随生长随绑缚，以防风折。北方地区，当大部分苗高达到 1.0~1.4 m时，对所有苗木新梢进行第一次摘心，以增加主蔓的粗度和成熟度，保证枝蔓各个部位均能形成充实饱满的冬芽。

6. 防治病虫害

缓苗期，常见有蛴螬、金龟子、白粉病、红蜘蛛、锈壁虱、褐斑病等为害新枝、顶芽，使苗木生长受到影响，应根据当地病虫害的发生规律，适时、对症使用药剂，做到及时发现，及时防治。

7. 冬季修剪与防寒

软枣猕猴桃栽植第一年，冬季建议进行树体防寒。可在冬剪后用稻草对树干进行包扎，尤其做好根茎部位的防冻，或者将幼树下架用秸秆覆盖进行防寒（图 93）。冬剪在土壤上冻后即可进行，第二年伤流期前完成。当年生树一般主干剪留 80~120 cm，长势较弱的树可以从地面以上留 4~5 个芽进行平茬，待来年重新培养主干。

第五章

Chapter 5

软枣猕猴桃的整形修剪

整形是通过修剪技术人为地把树体修整成一定结构与形状的过程，包括株形的培养和维持。整形能使树体结构合理、骨架牢固、枝蔓分布均匀，便于栽培管理，有利于软枣猕猴桃的优质、丰产、稳产。软枣猕猴桃作为藤本果树其枝蔓柔软，不能直立，在整形修剪上与乔木果树有一定差异，其整形修剪方式虽然多种多样，但都应遵循一些基本的原则和要求。

一、与整形修剪有关的常用术语有哪些?

（1）整形

整形是指运用修剪技术使树体形成一定的形状和结构。

（2）树冠

树冠是指主干以上的整个树体部分。树冠由各种枝类组成，分为主蔓、侧蔓、结果母枝、结果枝、营养枝等。

（3）主干

从根颈以上到着生第一个分枝部位的树干称为主干。

（4）主蔓

主蔓是指从主干上分生出来的大枝，是树冠的主要骨架。

（5）侧蔓

侧蔓是指从主蔓上分生出来的，具有一定位置、方向和角度的最末一级骨干枝。

（6）骨干枝

主蔓、侧蔓等都是树冠的骨架，称为骨干枝。

（7）延长枝

着生在枝的顶端，能使各类枝延长生长的枝条，叫延长枝。

（8）结果枝组

由若干个结果枝组成的结果单位称为结果枝组。结果枝组按大小可分为大型结果枝组、中型结果枝组、小型结果枝组。

（9）结果枝

能着生花芽的，并能正常开花结果的枝条称为结果枝。结果枝按长度不同可分为长果枝、中果枝、短果枝和短果枝群。

（10）发育枝

一年生枝条侧芽和顶芽都是叶芽的叫发育枝。

（11）新梢

生长季中当年萌发生长的带叶片的枝条叫新梢。

（12）一年生枝

一年生枝又叫当年生枝，即当年芽萌发抽生后形成的枝条。

（13）多年生枝

三年生以上的枝叫多年生枝。

二、与整形修剪有关的生物学特性有哪些？

（1）萌芽率

一年生枝上芽萌发数量占该枝总芽的百分数称为萌芽率，萌芽状见图94。

（2）成枝力

一年生枝上萌发长成长枝的枝条的能力称为成枝力。成枝力按具体出枝数量计算，成枝力一般以3~4个时为中等，多于4个为成枝力强，少于3个为成枝力弱。萌芽率和成枝力受栽培条件、不同树龄、不同品种、修剪程度等影响较大。当土壤肥水条件好时，萌芽率和成枝力都会提高。同一品种，幼树期成枝力强，盛果期和衰老期成枝力弱。软枣猕猴桃萌芽率较一般果树高，平均可达60%~70%。

（3）芽的异质性

枝条不同位置上的芽，由于形成时间早晚和营养状况不同，其质量和饱满程度不同，这种芽的质量上的差异称芽的异质性。软枣猕猴桃芽的异质性不明显，除基部有2~3个弱芽外，其余芽均较饱满。

（4）顶端优势

顶端优势又叫垂直优势或极性现象，指枝条顶部萌发的枝生长旺盛，长势最强，向下依次减弱的现象。顶端优势的强弱受到枝条的着生方向、着生位置和母枝强弱的影响，也受到剪口芽饱满程度的影响。软枣猕猴桃根孽发生多且生长旺盛，处理不及时极易形成徒长枝、强旺枝，影响整形。采用篱架栽培时，整个架面容易表现上强下弱现象。采用平棚架栽培时，水平架面上枝条顶端优势不明显，植株后部枝条长势较前部枝条旺盛，延长头容易衰弱（图95），应注意及时调整更新延长头。

（5）成花结果习性

成花习性包括花芽的位置、形成花芽的难易等。结果习性包括坐果率的多少，坐果部位，何种果枝结果为主，枝条的连续结果能力及果实质量等。

图94　软枣猕猴桃萌芽状

图95　延长头衰弱

图96　结果枝可作为第二年的结果母枝

图97　主干上潜伏芽萌发

软枣猕猴桃的成花结果能力因品种、树龄和栽培管理水平差异而表现不同。大部分品种较易成花，结果能力较强。当年生长、中、短枝均容易形成花，长枝的花芽着生位置较中、短枝靠上。结果枝在长势健壮的情况下，在结果的同时连续形成花芽，连续结果能力强，可作为第二年的结果母枝，连续结果（图96）。

（6）潜伏芽

软枣猕猴桃潜伏芽数量多，寿命长，利于更新，经修剪刺激后容易萌发抽枝，尤其是老树或树势衰弱以后，重回缩后，非常容易促发新枝，这是与其他果树区别较大之处（图97）。

三、整形修剪的原则有哪些？

整形修剪必须考虑软枣猕猴桃的生长发育规律和生产管理目标，整形修剪应依据以下几方面原则进行。

1. 遵循品种特性

每一个品种都具有特定的生长结果习性，整形修剪时遵循品种的生长结果习性，才能充分发挥品种的产量和品质特性。如对生长势强的品种，应适当稀植并选择较大的树形，而对生长势较弱的品种可适当密植并选择较小的树形。对结果母枝基部芽眼不易形成花芽或形成花芽质量较差的品种，可采用中长梢修剪（图98）；对结果母枝基部芽眼易形成花芽且形成花芽质量较好的品种，采用短梢或极短梢修剪为主（图99），可以有效地控制结果部位外移。

2. 符合立地条件

立地条件不同，采用的整形方式也应不同。夏季高温高湿、病虫害严重的地区，宜采用有较高主干的整形方式，以利植株基部通风透光，减少病虫害的发生。在地势起伏的丘陵山地，特别是含砾石较多的山坡地，土壤耕作管理困难，宜采用较大的株型（及株行距）并实行棚架栽培。

3. 适应栽培管理水平

在土肥水等综合管理水平较高的情况下，可采用负载量较大的架式和较大树形（及株行距）的整形方式；在土肥水等综合管理水平较低的情况下，应选择负载量较小的架式和较小树形（及株行距）的整形方式，以免造成树形紊乱或树体衰弱。

4. 满足规范整形要求

由于软枣猕猴桃枝蔓的可塑性较强，可以按人们的意志塑造成多种多样的株形，故整形的自由度较大。但从方便推广和栽培管理的角度，宜采用标准化、

图98　中长梢修剪

图99　短稍修剪

规范化的整形方式，使植株的主要骨架和结果枝组构成（包括其数量、配置方式和部位）都有一定的规范，果园植株生长整齐。此外，更新和管理也比较容易。对使用机械作业较多的大型园，采用的株型（及架式）应能适应机械化管理的要求。

此外，整形修剪问题应与其他栽培措施联系起来综合考虑，特别是要与适当的架式相配合。

四、整形修剪有哪些要求？

1. 熟悉情况，定好方案

在整形修剪之前，首先要调查了解果园的的基本信息，包括立地条件、管理水平、树体年龄、砧穗组合、品种分布、栽植密度、采用树形、存在问题等，了解了这些基本情况之后，研究确定整形修剪计划与技术方案。

2. 统一标准，做好准备

为了保证修剪质量，应统一修剪原则和标准，在必要时对所有参加修剪的人员进行技术培训与考查。提前做好准备工作，备好整修工具，备好消毒剂、伤口保护剂及其刷具，并准备好修剪用的衣裤鞋帽，做好个人防护。

3. 按步操作，保证质量

在修剪之前认真观察树体结构和枝组分布，找出整形修剪存在的主要问题，抓住主要矛盾，兼顾次要矛盾进行重点调节。在修剪操作时必须有条不紊地按步骤进行，不能东一剪，西一刀，随意乱剪。修剪时必须认真对待和慎重处理每一个枝条。每一剪刀都要有依据，仔细琢磨。在技术方法及其使用程度上做到正确合理，恰到好处。决不可草率从事，只顾数量不顾质量。

4. 保护伤口，防病传播

对带有病虫的枝条应剪除或刮治，并集中烧毁或清出园外。同时对作业工具进行严格的消毒，防止病虫害传播蔓延。对修剪造成的较大的伤口，要及时加以消毒保护，防止病虫害从伤口入侵，并设法减少蒸腾失水促进伤口愈合。

五、软枣猕猴桃常见的树形有哪些？如何整形？

1. 一干两蔓羽状形树体结构树形及整形过程

树形：干高180~220 cm，主蔓长100 cm，与行向一致（图100）。主蔓上着生侧蔓，同侧相邻侧蔓之间距离50 cm，侧蔓上直接着生结果母枝，结果母枝之间间距25 cm。其整形过程如下：

第一年，定植后留3~5个芽进行剪截，萌芽后从萌发出的新梢中选留一个生长健壮的新梢向上引缚直线延伸，培养为主干，其余抹除。冬季修剪时留1.2~1.5 m（图101）。

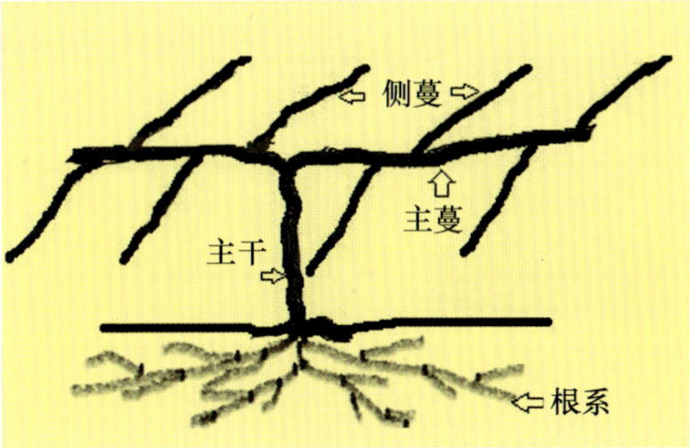

图100　一干两蔓羽状形树体结构

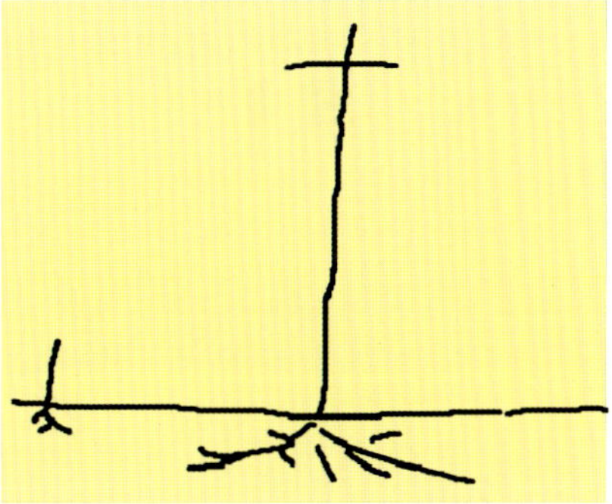

图101　一干两蔓羽状形第一年整形

第二年，萌芽后，抹掉50 cm以下的芽，顶端选留2个新梢，沿行向向两侧分开成为主蔓。其余芽及时摘心控制。冬季修剪时，主蔓留1.2~1.5 m。其余枝条培育为结果母枝（图102）。

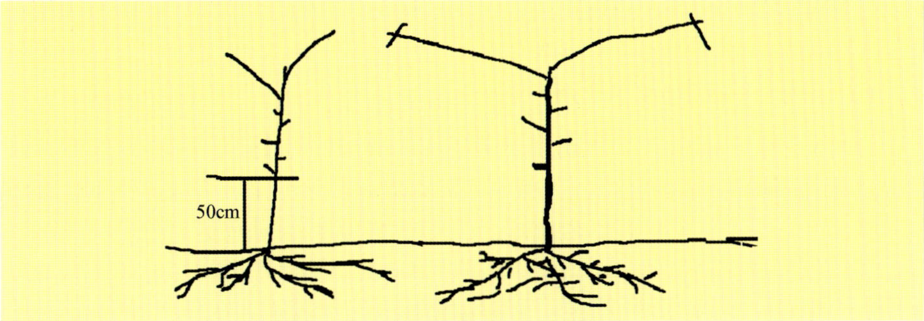

图102　一干两蔓羽状形第二年整形

第三年，萌芽后在两个水平主蔓上培养8个侧蔓，同侧侧蔓间距50 cm。

其余芽及时摘心控制。冬季修剪时，侧蔓留1.2~1.5 m。其余枝条培育为结果母枝（图103）。

图103　一干两蔓羽状形第三年整形

第四年，萌芽后在侧蔓上培养结果母枝，同侧结果母枝间距15~30 cm（图104）。

图104　一干两蔓羽状形第四年整形

2. 龙干形树体结构及整形过程

树形：每个植株留1个或多个大小和长短基本相同的主蔓称龙干（图105）。根据龙干的多少可以分为独龙干、双龙干、多龙干，各龙干之间的距离为50~75 cm。在龙干上不配备侧蔓，直接着生大中小型结果枝组，枝组间距20~25 cm。枝组中的结果母枝进行长中短梢修剪，龙干先端的延长枝进行中长梢或长梢修剪。独龙干、双龙干、多龙干均以龙干为基本单元，其结构相同，现以独龙干为例介绍其整形过程。

第一年，定植后留3~5个芽进行剪截，萌芽后从萌发出的新梢中选留一个

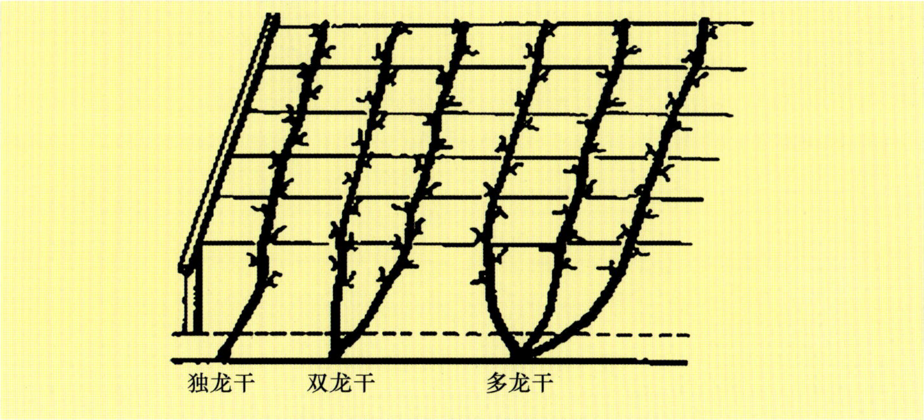

图105　龙干形树体结构

生长健壮的新梢向上引缚直线延伸，培养为主蔓，其余抹除。冬季修剪留150 cm（图106）。

第二年，春季发芽后选留顶端一个健壮枝作为主蔓的延长枝，龙干基部50 cm以下的芽一律抹去，50 cm以上左右交替每隔25~30 cm留壮梢作结果母枝。冬剪时主蔓上每隔20~30 cm留一个结果母枝。主蔓延长枝剪留120 cm，结果母枝都留15~20 cm短截（图107）。

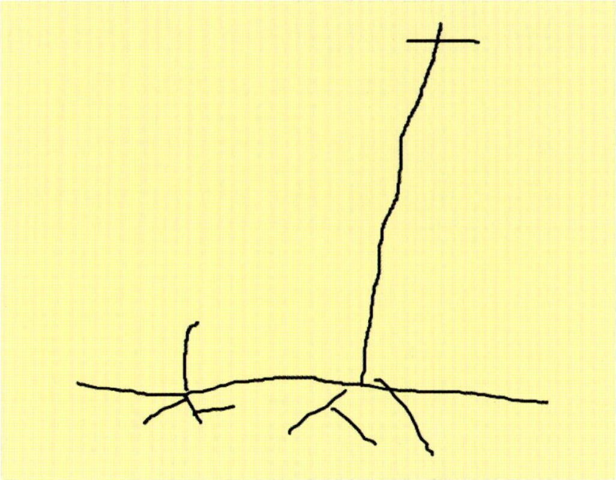

图106　独龙干形第一年整形

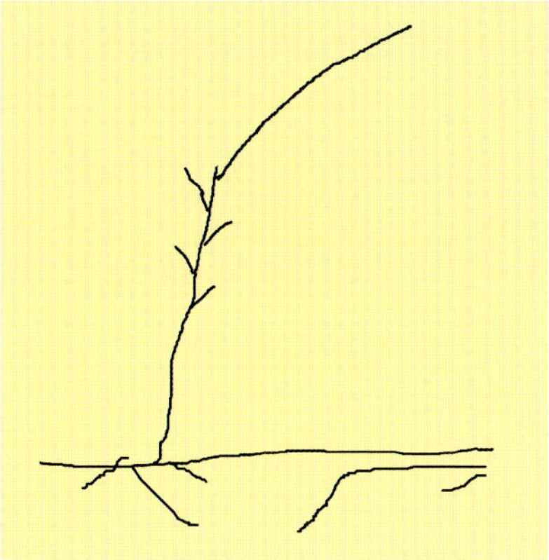

图107　独龙干形第二年整形

第三年，在主蔓延长蔓上继续选留结果母枝，方法同第二年。春季在上一年培养的结果母枝上，各选留2~3个好的结果枝或营养枝培养枝组。冬季修剪时可参考上一年修剪方法继续培养主蔓和结果枝组。一般3~5年可完成整形工作（图108）。

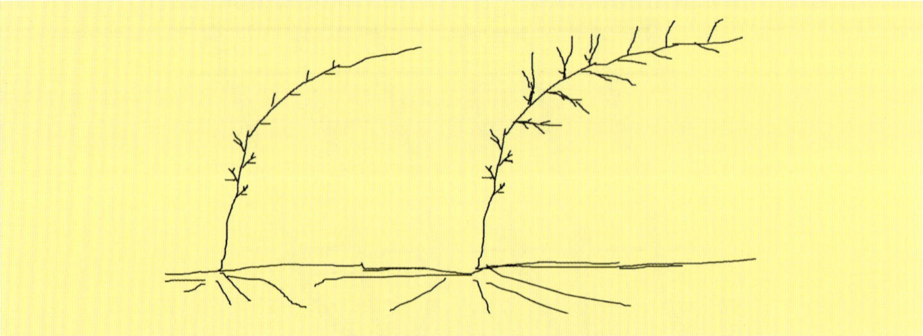

图108 独龙干形第三年整形

六、结果枝组的类型有哪些？如何配备？枝组如何更新？

1. 结果枝组的类型

根据结果母枝的多少，结果枝组可分为大型结果枝组、中型结果枝组、小型结果枝组。

大型结果枝组：由15个以上枝条组成，枝组长度大于60 cm。这类枝组在软枣猕猴桃上应用较少，在栽植株行距较大、架面有较大空间时可根据需要合理配置。它的特点是体积大，能有效地利用由于枝组不足形成的多余空间，扩大结果范围；寿命长，能在组内更新复壮，有利于延长丰产期，防止大小年现象发生；但培养困难，也易造成遮光。在软枣猕猴桃的整形修剪中，可以将侧蔓看作一个大型结果枝组进行处理。

中型结果枝组：由5~15个枝条组成，枝组长度在30~60 cm。它的特点是有效结果枝多，能组内轮换结果更新，寿命长，生长健壮。

小型结果枝组：由2~5个枝条组成，枝组长度在30 cm以内。它的特点为体积小，容易培养，便于配置，占空间小，但易早衰。小型结果枝组可在树冠中灵活分布。

2. 结果枝组的配备

结果枝组在同一骨干蔓上的距离宜为大型枝组距离在60 cm以上，中型枝组之间的距离在30~60 cm，小型枝组在大、中型枝组之间插空安排，间距20~30 cm。枝组内在短梢修剪情况下应保持20~30 cm，在中、长梢修剪情况下应扩大到30~40 cm。小型枝组可以近些，大型枝组远些，从而使枝组间和枝组内都能保证通风透光（图109）。

图109　枝组的配备

3. 枝组更新

枝组更新分枝组内更新和枝组的更新。

（1）枝组内更新

枝组内更新修剪分单枝更新和双枝更新。单枝更新即冬季修剪时不留预备枝，只留结果母枝。在结果母枝上同时考虑结果和更新。第二年冬剪时再从基部选择发育好的当年枝短截作为下一年的结果母枝，其余的枝全部去掉（图110）。

双枝更新即进行一长一短修剪。上部枝作结果母枝，适当长留，一般采用中、长梢修剪；下部枝作预备枝，适当短留，一般采用短梢修剪，留2~3个芽。第二年冬剪时，去掉原来的结果母枝，预备枝留下2条枝蔓，继续进行一长一短修剪，循环往复（图111）。这样可以减缓结果部位外移，使植株保持健壮生长和较强的结果能力。采用此种方法培养更新枝比较可靠，能保证每年获得质量较好的结果母枝。适用于发枝力弱的品种。

（2）枝组的更新

随着结果枝组年龄的增长和每年的修剪，结果部位会逐渐外移，剪口增多，枝组老化，结实力下降，甚至失去结果能力，这时应对枝组进行更新。具体做法是：逐渐有计划地回缩老结果枝组上的结果母枝或将老枝组从基部疏

图110　单枝更新

图111　双枝更新

除，刺激主、侧蔓上或枝组基部潜伏芽萌发，从潜伏芽发出的新梢中选择位置合适的进行枝组培养。

七、主蔓、侧蔓如何更新？

龙干形的主蔓和一干两蔓羽状形的侧蔓经过多年结果后，生长势衰弱，运输水分养分能力下降，其上的结果枝组会出现衰老现象（严重时在主蔓和侧蔓上出现光秃带），结果枝组更新能力变差，结果母枝上芽眼萌发能力变差，结果能力下降，导致果品产量和质量下降。因此要对主蔓和侧蔓适时进行更新，以保证植株正常生产结果。

主蔓、侧蔓的更新方式可分为两种，一种是在春季植株萌芽后，在主蔓、侧蔓上需要更新的部位提前选留更新枝（一般选留生长旺盛的旺长枝和徒长枝），生长季对其加强管理，促其健壮生长，冬季修剪时在新培养的更新枝前方进行回缩，对更新枝进行长梢修剪，此种更新方式称为“先选后缩”（图112）。第二种更新方式是冬剪时在主蔓、侧蔓需要更新的部位进行重回缩，回缩后刺激后部萌发强旺枝，之后在所萌发的强旺枝中选留1个作为更新枝，更新枝冬季修剪时进行长梢修剪，此种更新方式称为“先缩后选”。生产中根据主蔓、侧蔓回缩程度的不同，又可分为小更新、中更新、大更新。

1. 小更新

在主蔓、侧蔓前段更新的为小更新，一般更新长度为主蔓、侧蔓长度的1/4，这是在整形修剪中用得最多的一级更新方法，通常采取缩前留后的修剪方法，防止主侧蔓前部衰老。此法一般在冬季修剪时，在主蔓或者侧蔓前端

图112 先选后缩

40~50 cm处进行回缩，回缩后在主蔓或侧蔓上选留1个健壮的枝条作为延长头，剪留长度为50 cm。

2. 中更新

在主蔓、侧蔓的中段进行更新的为中更新，一般更新长度为主蔓/侧蔓长度的1/2（图113）。中更新一般在下面两种情况下采用：一是主、侧蔓后部枝蔓生长衰弱，剪去前端部分以复壮中、后部枝蔓的生长势；二是防止基部空秃，缩剪中部以上枝蔓，把生长优势转移在基部以复壮基部枝梢。

图113　主、侧蔓中更新

3. 大更新

剪去主蔓、侧蔓的大部或全部称为大更新。一般是在主蔓基部以上枝蔓因受严重冻害或病害损伤，或因枝蔓老朽衰弱，而基部有新枝和萌蘖可接替的情况下，剪去主蔓，以新枝代替。这种更新法可以先进行回缩，培养好更新枝再把老蔓去掉。如果老蔓已枯死或无生产价值，也可先剪去老蔓待萌蘖发生而取代之（图114）。

图114　主、侧蔓大更新

八、不同年龄阶段冬季修剪的主要任务是什么？

1. 幼树期

幼树期指从定植到大量结果前这段时期。此时期尚未完成整形任务，冬季修剪时以培养树体结构为重点，选好主蔓、侧蔓、延长头、结果枝组，培养树形骨架，迅速扩大树冠。缓和枝组中的营养枝，形成较多的短枝，以便早成形、早结果、早丰产。

2. 盛果期

盛果期指从大量结果到产量明显下降这段时期。这一时期树体结构已经形成，冬季修剪的重点是调节生长和结果之间的平衡关系，保持中庸健壮树势，维持树冠结构与枝组健壮，实现高产稳产。具体任务为调整和更新结果枝组，平衡枝势，控制结果部位，并通过转主换头、选留预备枝等方法保持主、侧蔓的生长势。

3. 衰老期

衰老期指从骨干枝开始衰弱、产量明显下降到植株死亡（或者无经济效益）这段时期。这段时期冬季修剪主要任务是对衰老枝条进行更新复壮，延长结果年限，及时进行主、侧蔓回缩更新，或者从基部萌蘖中选择合适的枝条预先培养，使其成长为新蔓，冬剪时再逐步去掉需更新的老蔓，以新蔓取而代之。

九、雄株如何修剪？

软枣猕猴桃为雌雄异株植物，在抓好雌株整形修剪的同时，也不能忽视雄株的整形和修剪工作。软枣猕猴桃雄株在幼树期与雌树修剪的方法相似，但成年以后，雄树生长势强，会占用很大空间，必须加以控制，防止过旺、过密，减少空间占用。

雄株每年完成授粉后，需要及时进行一次夏季修剪，这次夏季修剪量较雌树大。具体方法是将开过花的母枝从基部剪去，再从离主枝最近处选留和培养生长健壮、方向好的新梢作为母枝更新枝加以培养。这样既可以节约大量养分，培养高质量的供次年开花的雄花枝，又可以让出更多的空间给雌株，降低郁闭度，利于通风透光。此次夏剪应注意不要把所有的新梢都重剪，需要选留一部分生长中庸的长枝，以维持雄树地下根系和地上枝叶的生理平衡关系，保证雄株根系的正常生长。雄株的冬季修剪，主要是疏除枯枝和纤细枝，剪除发育枝顶部纤细部分，以及病虫枝、过密弱枝和不必要的徒长枝，按架势整理成树形，使枝条分布均匀合理。

第六章

Chapter 6

软枣猕猴桃周年生产管理技术

一、软枣猕猴桃萌芽前如何管理？

一年之计在于春，开春做好全年生产计划、准备好所需的各种生产资料、安排好用工等是软枣猕猴桃进行正常生产的前提保障。开春后随着气温逐渐升高，软枣猕猴桃树体开始活动，根系早于地上部活动，新根大量生长、形成，大量吸收水分和养分，输送到地上部。在此期应为根系活动创造良好的条件，以便为萌芽、新梢生长、开花等提供充足的养分供给。

图115　熬制石硫合剂

1. 制订计划，维修农具、准备物资

开春后要及时制订当年的生产计划，对农机具进行维修保养，购置农药、化肥、农膜、工具、绑缚材料和日常用品等，熬制石硫合剂（图115）。

2. 整修架面

由于受上年枝蔓、果实、风雨等影响，在完成冬季修剪后，需要对架面进行修整，为绑枝做准备。如扶正、埋实倾斜、松动的立柱，补换缺损的立柱；松了的铁丝进行紧固，锈断的铁丝及时更换；彻底清除前一年架面上无用的绑缚材料。

3. 绑缚植株

绑缚枝蔓是实现冬季修剪意图的重要途径，完成冬季修剪后要及时对枝蔓进行绑缚。不同树形应根据树体结构要求进行绑缚，绑蔓的对象是主、侧蔓和大的结果枝组。主、侧蔓应按树形要求进行绑缚，注意将各主蔓尽量按原来生长方向拉直，不要相互交错纠缠，并在关键部位稳固绑缚于架上。侧蔓尽量使其平行向前延伸；对比较大的结果枝组适当绑缚，使枝条在架面上分布均匀。枝蔓绑缚时要注意给枝条留增粗的余地，又要在架上牢固附着，以免移动位置。绑缚材料要求柔软，风雨侵蚀不断为好。目前，多以绑枝卡扣、包塑扎丝、塑料绳、布条、麻绳或地膜等材料绑缚（图116），也可使用枝条绑缚机进行绑缚。

图 116　绑缚材料

4. 撤除防寒物、清园、修树盘

幼树冬季采取防寒措施的，当春季土壤解冻后，应及时撤除防寒材料。绑蔓以后，可及时刮除枝蔓老皮，彻底清理架面上无用的绑缚材料，将果园中残枝、僵果、落叶、杂草等带出园外深埋或集中烧掉，以消灭越冬病原和虫卵。及时进行修整树盘并耕翻、刨树盘，耙平行间空地，尽量不要碰伤枝蔓。修整树盘的目的是有效地保持水土和进行肥水管理，浅耕有利于提高地温和保持土壤水分。一般深度 5~10 cm，里浅外深，不伤大根，以疏松土壤，利于根系生长。春季土壤解冻后，沟渠不畅、排水不良的果园应及早做好清沟筑畦工作。

5. 扒老皮

扒老皮一般在3月上旬进行。过早树干易受冻，过晚日光直射树皮易干裂。扒老皮以扒除主干、主枝等骨干枝粗老翘皮、显出浅色层为度。扒下的老皮应集中烧毁，消灭在树皮裂缝中越冬的害虫和病菌，防止病虫传播（图 117）。

图 117　扒老皮前后

6. 补施基肥、追肥

软枣猕猴桃年周期中生长发育的几个重要时期也是营养关键时期，应及时满足植株所需的营养。春季为果树器官生长和建造时期，根、枝、花的生长随气温的上升而加速，萌芽、新梢生长都要大量消耗体内贮存的养分，如体内营养水平低则会影响抽梢和果实发育。此时期施肥，可以解决体内养分贮存不足和萌芽、新梢生长需要消耗较多养分间的矛盾，促进萌芽和新梢生长，尤其是对树势弱或上年施肥少的树，此次施肥极为关键。肥料种类多以氮肥为主，也可追施多元（即含氮、磷、钾、钙、镁、硫、铁、硼、锌、锰等的完全营养）复混肥（配方）或氮、磷、钾复合肥。

基肥是果树正常生长结果必不可少的营养源，是较长时期供给果树多种养分的基础肥料。基肥以早秋施入为好，若因劳动力、肥源等问题没有及时施入，也可早春结合果园翻耕改土补施基肥，但其效果较早秋施要差一些。补施基肥的最佳时期是在土壤刚解冻深度达到一锹深时，以后施入效果会差些。用法为每亩施腐熟的农家肥4 000~5 000 kg，可平铺于树冠，也可开沟施入沟的中下部，施入沟内后应与填入的沟土混匀以防灼根；施肥后浇1次水。

上年秋季已经施过有机肥的，为保证芽眼的正常萌发和新梢的迅速生长，可在芽眼萌动前追施1次速效性化肥。追肥做为基肥的补充，一般用量较少，但随着产量增加，追肥用量也应相应增加。春季追肥以根部追施化肥为主，采用沟施或穴施均可，深度为10~15 cm，施肥后覆土盖严。幼树可少施，施肥后浇一遍萌芽水；萌芽水一定要浇透，以促使化肥充分溶解发挥，也可选用冲施肥随水冲施。结合施萌芽肥，应进行一次全园浅耕，深度以5~10 cm为宜。这样可以将地表的病菌翻入地下，从而降低病虫害的发生和侵染概率，也有利提高土温，促进发根和养分吸收。有条件的地方可对畦面进行覆盖，覆盖材料有地膜、秸秆、稻草等，覆盖后能有效减少地面水分蒸发，抑制杂草生长，稳定土壤温、湿度等，同时有机覆盖物经分解腐烂后成为有机肥料，可改良土壤。生草栽培土壤则不用进行耕作，对周围作物使用除草剂时，注意除草剂的选择，避免造成除草剂伤害。

幼树根系浅，分布范围不大，追肥应小范围浅施。随树龄的增大，根系的扩展，施肥的范围和深度也要逐年加深扩大。含氮等移动性强的肥料可以适当浅施，含钾等移动性差的肥料应严格施在根系集中分布层内，而含磷、铁等易被土壤固定的肥料最好和基肥同时施入。清耕果园，氮与钾的用量一般是春季少，夏季有所增加；磷素含量则相反，一般是春季多夏季少。

7. 灌萌芽水

软枣猕猴桃萌芽需要充足的水分，此期水分不足，会降低萌芽率，影响萌芽整齐度和新梢生长。因此，在春季发芽前灌一次透水可补充因长期冬季干旱造成的树体水分缺乏，保证发芽和新梢生长对水分的需要。在易发生晚霜冻的果园，在发芽前浇一次透水，可推迟花期2~3 d，有减轻晚霜危害的作用。此次浇水量要大些，应使土壤含水量达到70%，且最迟不能晚于发芽前10~12 d浇灌。

8. 果园生草

果园种植绿肥，实行生草覆草是提高果品产量和质量的有效途径。近年来，许多果园针对灌溉条件缺乏、土壤养分不足的现状，应用秸秆覆盖作为节水培肥土壤的耕作制度，取得了一系列成果，但覆盖材料的来源有限，影响这一措施的大面积实施。一些水果生产先进国如美国、日本、新西兰、荷兰等采用果园生草制，可使果园土壤中有机质含量达5%~7%，由此带来了果品产量、质量和效益的提升。因而我国可借鉴国外的经验，从转变观念入手，推广果园生草技术，提高果树生产水平。

果园生草的播种时间以春、秋两季墒情较好时为宜。播前应细致整地，每亩撒施磷肥50 kg，翻耕后整平地面，可采用条播或撒播的方法。条播行距15~30 cm，播种深度0.5~1.5 cm，播后可适当覆草，遇土壤板结时及时划锄破土，以利出苗。出苗后应及时清除杂草，查苗补苗。干旱时及时灌水补墒，并结合灌水补施少量氮肥。草成坪后可结合果树施肥，每年春秋季施用以磷钾肥为主的肥料。生长期内干旱时适量灌水。当草长到30 cm左右时及时刈割。割下的草一般覆盖在株间树盘内，也可撒于原处，或集中沤肥。

9. 果园覆草、覆膜保墒

对山地果园或缺水果园，可采用覆草（稻草、麦秸等）或覆膜，保持土壤水分，特别是新植的幼树更应该注意保墒，以提高成活率。覆草后由于早春地温稳定，能推迟开花期，避免晚霜危害。覆草面积以树冠大小为基准，厚15~20 cm，上面零星压2~3 cm厚的土防风，逐年补充，4~5年刨翻一次。树盘覆盖地膜与覆草有大致相近的效果，但覆膜过早可以使早春土壤温度上升，提早发芽。

10. 病虫害防治

（1）清洁果园

结合休眠期修剪和早春果园耕翻彻底剪除病梢、枯枝、卵块，清除地面病枝、病叶、病果，集中烧毁或深埋，消灭越冬病原菌。成龄大树每隔1~2年刮1次树皮，既可防治病虫害，也能促进树体生长。早春刮老树皮，可使树皮保持光滑，缓解成虫产卵。

图118　高接

（2）萌芽前喷施石硫合剂

在芽眼萌动前，及时用5波美度石硫合剂进行全园喷洒，以防治枝蔓上及土壤中残存的越冬病虫。

（3）冬季深翻树盘，消灭越冬茧。用钢丝刷或硬毛刷刷掉越冬的蚧壳虫雌虫。剪除虫体较多的辅养枝。

（4）用伤口愈合剂涂抹伤口，防止伤口腐烂，促进伤口健康愈合。

11. 嫁接

在萌芽前，对于品种较差需要更新品种的果园进行高接更换品种，对缺乏授粉树的低产园高接授粉树，通常采用劈接或皮下接的方法（图118）。

二、萌芽、新梢生长期如何管理？

随着芽的萌发，芽内的花序原基继续分化，形成各级分枝、花蕾、雄蕊和雌蕊等。此时维持树体生长发育的营养主要是贮藏营养。因此贮藏营养的多少决定着当年花器官分化的质量、果品产量和品质、前期叶幕的形成速度和次年花序分化。在这一时期，通过观察新梢的伸长方式和结果母枝的状态等，可对树体的营养状态和生长势等进行诊断。栽培管理上，保持健壮的树势是这一时期的重点。生产任务包括抹芽、除萌、定枝、摘心、追肥和控制早期病虫害。

1. 生长期修剪

生长期修剪的任务是调整新梢的数量、生长方向，调节植株产量及树体内营养分配，以达到集中树体营养，减少消耗，使树体发芽整齐、生长健壮、花序发育完全、新梢生长一致、枝条分布合理，架面通风透光，稳定产量，提高品质的目的。

（1）抹芽与除萌

抹芽是在芽萌发初期尚未展叶时，对所萌发的芽进行选择性去留。萌芽后，应尽早进行抹芽，做到抹早、抹小、抹了。抹芽要综合考虑品种、架面空间大小、树势强弱、修剪方式、芽的质量、芽的位置等因素。如根据空间分布，做到稀处多留、密处少留、弱芽不留。树势强的抹芽宜晚，抹芽数量要少，以分散养分，削弱树势；树势弱的抹芽宜早，抹芽数量宜多，以集中养分。短梢和极短梢修剪的树，抹芽宜少，长梢修剪的树可多抹芽和多疏枝。在规定的留梢量上，留早不留晚，留肥不留瘦，留下不留上，留花不留空，留顺不留夹。

抹芽一般分两次进行：第一次在萌芽初期进行，第二次在第一次抹芽后10 d左右进行。第一次抹芽，主要抹除主干、主蔓基部的潜伏芽和着生方向、部位不当的芽，各级骨干枝延长头附近的竞争芽，以及三生芽、双生芽中的副芽、弱芽、过密芽、畸形生长的芽和病虫危害芽等（图119）。如棚架整形距地面50 cm以下的芽，篱架整形距地表30 cm以下的芽，使每个节位上只保留1个健壮主芽。第二次抹芽，主要抹除萌芽较晚的弱芽、无生长空间的夹枝芽、靠近母枝基部的瘦弱芽、部位不当的不定芽等。根据生长势等决定抹芽程度。

除萌是将剪锯口、主干、根茎等部位萌发出的萌蘖用手掰除或剪除。一般在萌蘖长出3~5 cm时即可进行。除萌有利于整形，可以减少植株营养消耗，使

图119　抹除过密的芽

图 120　除萌前后

留下的枝条发育充实，花芽和叶芽饱满，还能减少日后修剪的工作量，有利于上部枝条的生长发育（图 120）。

（2）定枝

定枝是当新梢长到 15~20 cm 时，对新梢进行选择去留。定枝是继抹芽之后对新梢的进一步管理，是在冬季修剪的基础上对留枝量的一种调整，是决定果实品质和产量的一项重要作业。定枝一般在展叶后 20 d 左右、当新梢长到 15~20 cm、已经能辨别出有无花序时进行。定枝必须根据品种、架式、树势、架面部位、架面新梢稀密程度、负载量等来确定，还要参考当地气候条件进行，有倒春寒发生的地区，在晚霜过后开花前进行。

定枝时，疏除徒长枝、过密枝、过强枝、过弱枝、下垂枝、病虫枝等。枝条密处要多疏，稀处少疏；下部架面多疏，上部架面少疏。强结果母枝上可多留新梢，弱结果母枝则少留，有空间处多留。各地可结合实际情况灵活把控。定梢定果后应及时引绑固定，防止风折。

（3）花前复剪

复剪时间应在现蕾期到初花期之间。过早，营养枝、结果枝辨认困难，无法正确下剪；过晚，则大量消耗营养，削弱生长势，效果不良。有经验的人员可在现蕾前根据新梢的生长状态判断是否为结果枝。复剪的顺序可根据品种发芽早晚、树龄大小、树势强弱、花量大小安排。一般是先剪老树和成龄树，后剪幼树和初结果树；先剪花量大的树，后剪花量小的树。对于生长势偏弱、花量过大的大年树，要做到因树定产，因枝定花，适当调整树体负担量。尤其在大年时，要对衰弱树上的超长花枝、细弱花枝、过量花枝进行花前复剪，疏掉过多的花芽，这样有利于调节大小年结果和优质丰产。

（4）摘心

摘心又称打头、打顶、掐尖、打尖等，是把生长的新梢嫩尖连同数片幼叶一起摘除的一项作业。摘心的目的是暂时终止枝条的延长生长，减少新梢幼叶对养分和水分的消耗，促进留下的叶片迅速增大并加强同化作用。摘心可起到抑制新梢旺长、促进侧芽萌发、促进花序良好发育并提高坐果率、增大果个、促进花芽分化、降低成花节位、增加枝蔓粗度、加速木质化等作用。通过摘心的方法还能培养结果枝组、利用副梢整形。

摘心时应综合考虑品种特点、架面空间大小、新梢密度、枝条类型等因素。

生长前期营养枝摘心一般用于培育结果枝组，常利用背上枝或长势旺盛的营养枝在新梢迅速生长期进行，摘心强度以留10~15 cm为宜。生长后期营养枝摘心主要是为了控制植株生长，促进枝条成熟，提高植株营养积累，增强植株越冬能力，一般在9月上中旬对还在继续生长的新梢进行摘心。

结果枝摘心是为了把用于营养生长的养分分配给开花结果，以促进花序良好发育并提高坐果率，促进花芽分化，降低成花节位，增加枝蔓粗度，加速木质化。一般在开花期前后对生长旺盛的结果枝进行摘心，摘心的程度以去掉新梢头部为宜。

若用于继续扩大树冠的延长枝，可根据当年预计的冬剪剪留长度和生长期的长短适时进行摘心。生长期较短的北方地区应在8月上旬以前摘心，生长期较长的南方地区可以在9月上中旬摘心。摘心要使新梢在进入休眠之前能够充分成熟。

雄株应在花后及时进行修剪（图121），防止过旺、过密，减少占用架面空间。生长季6月份可进行疏枝、短截、摘心、拿枝等夏季修剪工作。

2. 土肥水管理

（1）果园清耕

在园内经常进行中耕除草，能疏松土壤表层，切断土壤毛细管，减少水分蒸发，起到保墒和防止杂草生长的作用，还能改善土壤透气条件，促进微生物活动，增加养分的可利用性。中耕除草大多在雨后或灌水后进行，有的可以与中耕相结合。中耕的深度在5~10 cm，里深外浅，尽量避免伤害根系。规模较

图121　雄株花后重剪及萌发状

图122　中耕、除草

大的果园可采用旋耕机和割草机进行中耕、除草（图122）。在杂草出苗期和结籽前进行除草效果更好。

（2）果园覆盖

果园覆盖能够减少土壤水分散失，增加土壤有机质，促进团粒结构形成，增强土地透水性和通气性，促进果树根系的生长，减小地温的日变化和季节变化，促进土壤中动物微生物的活动，抑制杂草的生长，减少果园用工，起到保墒、调节地温、培肥地力等作用，因此，果园覆盖是土壤管理的有效措施，也是提高产量、改善品质、降低成本、增加收入的成功措施。果园覆盖可在春、夏、秋季进行，以5—6月份为好，可在树冠下、株间、行间或全园覆盖有机物（锯末、稻壳、秸秆、糠壳、杂草和落叶等）、沙等（图123），最好在雨后或灌后进行。覆盖要因地制宜，北方平原的小麦、玉米产区，可利用麦秸和玉米秸作覆盖物；山区、丘陵可用草或绿肥，割下后就地覆盖；干旱地区可在树下地表面铺一层河沙或粗沙与石砾的混合物（果农称之为“沙田”）。覆盖前宜适当补施氮肥，有助于土壤微生物活动，促进覆盖物腐烂。覆盖用草应尽量细碎，厚度15~20 cm，均匀撒布于地面，其上压上散土可防风吹或火灾。覆盖后应加强对潜叶蛾类害虫的防治。全园覆草应留出作业道，以便灌水及进行其他

图123　树盘覆盖锯末、稻壳

管理。覆盖有机物的果园可以在秋后结合施肥进行翻压，翌年再覆。实行地膜覆盖和覆沙虽然不能增加土壤有机质含量，但其保墒作用明显。

（3）果园生草

果园生草是先进国家普遍采用的现代化、标准化的果园土壤管理技术。实践证明，在多种土壤管理方法中，生草法是目前最好的一种。果园生草主要有以下优点：第一，可以起到防风固沙，保持水土的作用。果园草层的存在，可减少坡地水土流失。第二，可大大提高土壤有机质含量。第三，可提高土壤有效养分含量，草根吸收铁、钙、锌、硼的能力强于果树根系，并能把它们转化为果树可吸收态，有效磷、钾可提高10%~35%。第四，可改善果园生态环境。草层能使土壤中水、肥、气、热、微生物5大因素处于适宜、稳定的状态。草根有助于形成土壤团粒结构，减少表土层温度变幅，有利于果树根系发育和活动。草层可使土壤表面蒸发减少，土壤含水量提高1.32%~3.51%。草层中害虫天敌种群（中华草蛉、食蚜蝇等）数量增加可减少用药次数和用药量。第五，可节省锄草用工。草长高后用人工或机械刈割，不用锄草可节省生产费用13%。第六，便于行间作业。雨过树叶干后，马上可进地作业（特别是打药），不误农时。第七，实现果园的良性循环。生草刈割后，可饲养家禽、家畜，其粪便进入沼气池发酵，沼渣又可用于果园施肥，以园养园，实现良性循环。

果园生草的主要缺点是与果树争肥水，易遭鼠害威胁，早期落叶病加重，金纹细蛾发生趋重，妨碍施基肥操作；需肥、水较多，且连年生草可能会导致果树根系上浮，降低植株抗逆性，因此生草5~7年后需翻耕休闲1~2年，然后再重新生草。

果园生草一般选用草种低矮、生长快、产草量较高、耐阴、耐践踏、地面覆盖率高、与果树争肥争水势力小、没有共同的病虫害、繁殖简便、管理省工、适合于机械作业的1年生或多年生牧草。草种有禾本科草（鸭茅草、紫羊茅草、黑麦草等）和豆科（三叶草、百脉根、紫花苜蓿、小冠花等）两类，可单播也可混播。国外采用生草的果园，大多选择豆科的白三叶草与禾本科的早熟禾草混种的方式。生草方式有全园、株间、行间生草3种。土层厚、肥沃的果园，可用全园生草的方式；土层浅薄的果园，多用行间或株间生草方式。生草地除了刈割草作业以外，不需其他的耕作。也可以自然生草（图124）。

当草高达30 cm以上时可刈割，留草高度8~10 cm，全年刈割4~6次。割下的草可用作沤堆肥，可撒于原处或树盘，也可用于喂养禽畜。在生草的前几年，为防止生草与果树争肥，早春应比清耕园多施50%的氮肥。采用地面施入或树体喷施（生长期喷3~4次，浓度0.3%）。生草5~7年后，草逐渐老化，地表变硬，通透性差，应于春季及时浅度翻压，休闲1~2年后再进行播种。

图124　果园自然生草

（4）施肥

在幼叶展开、新梢迅速生长时，为缓和营养生长与生殖生长的矛盾，可根据树势情况结合灌水追施1~2次水溶肥。但对树势旺的植株不再追氮肥。

在生长季节进行根外追肥，即叶面喷肥，是一种有效的辅助追肥方法（但不能代替土壤施肥），它具有吸收快、分配均匀的特点。叶片气孔和叶表角质层都能吸收无机营养。一般喷后15 min至半小时就可吸收，硝态氮喷后15 min吸入叶肉，氨态氮需2 h吸入叶肉。叶背比叶表吸收养分要快。因此，用叶面喷肥来补充土壤追肥的不足，对于提高叶片质量和寿命，增强光合效能，进而提高果实产量和质量有很重要的作用。展叶后应每隔7~10 d叶面喷肥1次，可用氨基酸类的叶面肥。缺锌或缺硼严重的果园，应在花前2~3周喷数次锌肥或硼肥，常用0.2%磷酸二氢钾加0.2%硼酸或0.2%~0.3%尿素加0.2%硼酸，以利正常开花受精和幼果发育。

（5）灌水

在萌芽前灌水基础上，当土壤含水量少于田间最大持水量的60%时就需要灌水，一般结合追肥进行灌水。当新梢10 cm以上时应进行灌溉，以利于加速新梢生长和花器发育，增大叶面积，增强光合作用。之后视天气状况，干旱季节每隔7~10 d浇一次小水。

图125　绿盲蝽

3. 病虫害防治

萌芽期主要防治绿盲蝽（图125）、蓑蛾等虫害。可在早春及时清除地边、果园、沟内的杂草，集中深埋或烧毁，防止越冬卵的孵化；根据绿盲蝽的生活习性，大面积集中用药，喷药时间最好在傍晚，以取得较好的除治效果。同时，利用其成虫的趋光性，可在成虫发生期统一采用黑光灯诱杀成虫，以减少卵的基数。开花前应及时喷药防治灰霉病、花腐病、白粉病等病菌侵染。生长季使用农药要严格按照农药使用说明和规程操作，避免农药使用不当造成药害。新梢生长期也是除草剂危害最为严重的时期，除草剂危害绝大部分是由于园区周边农户使用易挥发、漂移的除草剂引起的。因此要在农户使用除草剂前及时进行沟通，指导其正确使用除草剂，避免不必要的损失和纠纷。

三、开花坐果期如何管理?

开花坐果期是软枣猕猴桃生产当中最关键的时期，这一时期一般持续7~10 d。管理的好坏不仅关系到当年产量的高低，而且对于提高果实品质也有重大意义。这一时期主要管理措施如下：

1. 树体管理

（1）枝蔓管理

继续进行新梢定枝、摘心等工作，以控制营养生长。对架面的新梢进行管理，使营养枝均匀分布于架面上，结果枝下垂于架面以下，形成下垂结果，改善架面通风透光条件。疏掉过多的花枝或花序，调节营养生长和生殖生长的关系。

（2）花期放蜂

软枣猕猴桃为虫媒花，花期放蜜蜂，可显著提高坐果率，节药用工，降低成本，提高产量和品质。蜜蜂授粉是果品生产中优质、高产、高效的主要措施。

园内设置蜂箱的数量视树龄、地形、栽培条件及蜂群大小强弱的不同而不同。一般1 hm^2果园放3箱蜂即可，蜂箱之间的距离应在150 m以内。在花朵开放前1~2 d将蜂箱放入园中，调整好角度，平稳放置（图126）。放蜂应注意花期气候条件，蜜蜂在11 ℃时开始活动，16~29 ℃最活跃。花期切忌喷农药，以防蜜蜂中毒。

当软枣猕猴桃园中雄株不足、分布不匀或雄株当年开花量少时，可在花期从其他授粉树上剪取花枝，采用挂花枝的方法进行补充，即在缺少雄株的地方挂上装满清水的水瓶，从雄株采集含苞待放的花枝插入水瓶中（图127），每天给水瓶补充清水，每1~2 d更换花枝1次。花期放蜂可显著提高坐果率，减少落

图126　园区放蜂

图127　花期挂花枝

花落果，提高果实整齐度和果实品质。

（3）人工辅助授粉

软枣猕猴桃开花期容易遇到大风、阴雨等不良天气，此时蜜蜂活动受限，严重影响授粉，采用人工辅助授粉可弥补授粉不良情况，提高坐果率，增加果实产量，改进果实品质。人工辅助授粉时可取当日开放的雄花直接对着新开放的雌花进行涂抹，每朵雄花可授5~7朵雌花。除此之外，人工授粉还可以利用提前采集的花粉，用毛笔或者电动授粉机进行。人工辅助授粉的基本操作流程为：花粉的采集和贮存→花粉的吸湿→花粉的稀释→授粉。

①花粉的采集：软枣猕猴桃目前还没有专门的商品花粉出售，人工辅助授粉需要提前采集花粉。花粉的采集分为选、取、干、存4个步骤。

图128　气球状花蕾

选：选择与主栽品种授粉亲和力强且花期较早的雄株。在开花前1~2 d，采摘气球状花蕾或初开的花（图128）。采花不可过早或过晚，过早，花药发育不成熟；过晚，花在树上已经散粉。最好同时采几个品种的花朵混合，以提高授粉效果。

取：采后剥去花瓣，在细铁纱筛上轻轻揉搓，或将两花花心对搓，然后去除花丝、萼片等杂质，收集花药。也可用花药分离机和花粉提取机，提高收集花粉的效率（图129）。

干：将花药置于20~25℃、湿度60%~80%的室内阴干，一般经一昼夜即可散出黄色花粉。或者使用烘箱在20~25 ℃条件下烘干。

存：将花粉收集到专用花粉袋中或者广口瓶中，置于冷凉处（如冰箱内）保存备用。长期贮存时应置于冰箱内冷冻保存备用。

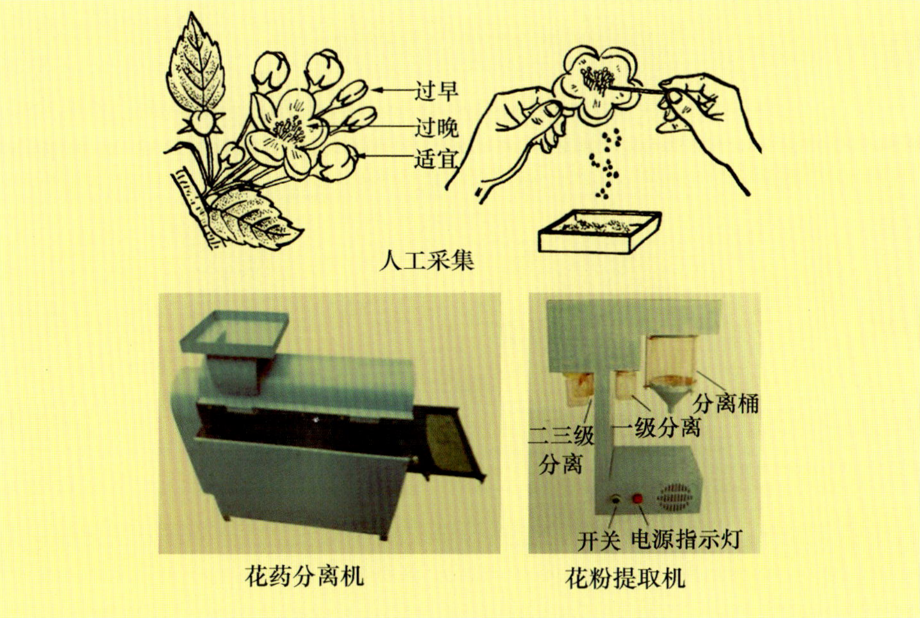

图129　花粉的采集

②花粉的吸湿：花粉的吸湿是指在开花前1~2 d，对需要使用的花粉进行吸湿，让花粉恢复活性。进行花粉的吸湿需要提前准备一张干净的白纸，一个小瓷盘，两个干净的塑料盆，一条毛巾和一瓶纯净水（注意：自来水含有氯气，会降低花粉活力，杀死花粉）。把毛巾用纯净水浸湿，平铺在一个塑料盆的底部，瓷盘放在毛巾上，白纸铺在瓷盘上（注意不能让花粉直接接触水）。从冷冻室拿出花粉后在常温下放置一段时间，在花粉的温度跟室内的温度一致时，再把花粉从密封包装袋中取出来。把花粉打开倒入白纸上均匀摊开，然后用另外一个盆子盖上。根据花粉的量吸湿6~12 h即可使用（图130）。

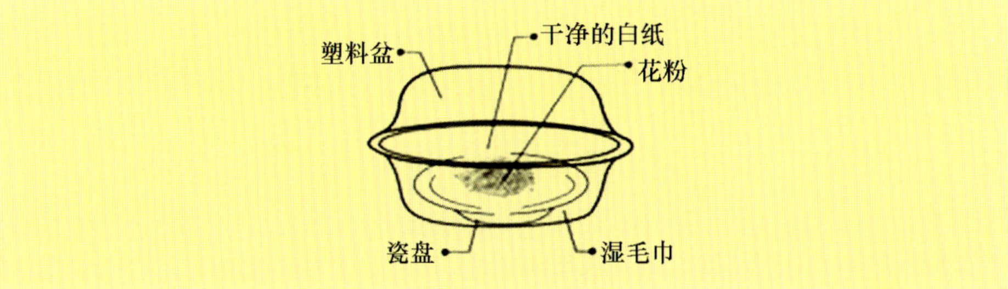

图130　花粉的吸湿

图131 稀释剂

③花粉的稀释：授粉当天，将吸湿后的花粉与花粉增量剂按比例混合均匀，1次的混合量要保证3~4 h内用完。稀释剂有石松子、滑石粉、甘薯淀粉、玉米淀粉等（图131）。人工点授按照1:(3~5) 稀释，机械喷粉按照1:(50~250)稀释，机械喷雾按照1:10 000左右进行稀释。

④授粉：人工授粉宜在盛花初期进行，以花朵开放的当天授粉坐果率最高。但因花朵常分期开放，尤其是遇低温时，花期拖长，后期开放的花朵自然坐果率低。因此，1个花期内要连续授粉2~3次，要特别加强对中晚期开放的花授粉，以提高坐果率。

人工点授最好在9~11点进行。可用毛笔、软橡皮、气门芯、毛巾或鸡毛掸等工具点授。点授时，将蘸有花粉的授粉器向铃铛花或初开花的柱头上轻轻一点，使花粉均匀地点在柱头上即可，每蘸一次可点4~10朵花（图132）。点授虽节省花粉，但费工、费时，效率低，成本高，可在人力资源充分的小型果园应用。人工点授可作为其他授粉方式的有效补充。

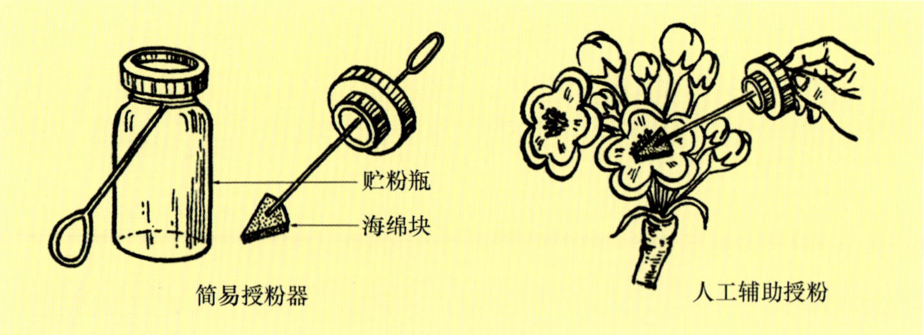

图132 人工点授

机械喷粉:用电动授粉枪进行授粉，授粉时枪头对准需要授粉的花的雌蕊，摁一下开关即可完成授粉（图133）。

（4）疏花疏果

疏花指在花序伸出到开花期时疏除过多的花序、花蕾和花朵。开花过多会

图133　电动授粉枪

图134　畸形果

消耗大量贮藏营养。因此，进行科学的疏花，可以调节产量、防止大小年、增大果个、提高果实品质、稳定和增强树势、提高当年花芽形成的数量和质量、延长树体的经济寿命。因此，适时进行疏花是确保软枣猕猴桃连年优质、高产、稳产的有效措施，是花期管理的一项关键技术。

软枣猕猴桃果实比较小，疏花疏果工作比较简单，花前疏去过密、畸形、病虫危害的花蕾，坐果后疏除畸形果和过小的果（图134），保证所留的果大小整齐一致、分布均匀、自然下垂。人工疏花要在保证坐果率及预期产量标准的前提下进行，时间越早越好。

2. 土肥水管理

开花坐果期一般不对土壤进行大范围的翻耕，并禁止灌水。花蕾期或花期叶面喷0.3%的硼砂和磷酸二氢钾、0.3%~0.4%的尿素溶液+0.1%~0.2%硼砂或硼酸溶液、1 200倍稀土、0.3%磷酸二氢钾、氨基酸微肥，以促进花粉管伸长，提高坐果率，促进果实整齐。缺锌严重的果园，应在花前2~3周，每隔1周叶面喷施锌肥，以利正常开花受精和幼果发育。花谢后，每隔15 d喷一次叶面肥。

四、果实发育期如何管理?

软枣猕猴桃果实发育期一般为80~130 d。这一时期是树体生长发育过程中最长的时期，植株营养生长加速，果实生长最快，花芽继续分化，营养物质消耗最大，矛盾突出，故生产任务较重。此期的生产任务是提高树体营养水平，改善通风透光条件，及时控制新梢生长，集中防治病虫，促进果实发育。

图135　枝条引缚

图136　架面郁闭使内膛叶片黄化

1. 新梢管理

（1）引缚

坐果后对各级延长枝及时进行引缚，理顺各级枝蔓之间主次关系，使各级骨干枝蔓按照既定方向生长，防止枝蔓聚堆缠绕，使枝蔓在架面均匀分布（图135）。

（2）疏枝

疏枝是指适当疏除架面上过密的枝条和直立强旺枝。疏除的越早，消耗的养分越少，伤口越小；反之消耗养分较多，伤口也较大。软枣猕猴桃在生长季可进行2~3次疏枝工作，第一次在落花坐果后进行，可以根据坐果情况疏除过密的、多余的枝条，之后可以根据架面枝条疏密程度进行1~2次疏枝，始终保证架面枝条疏密得当，防止架面郁闭，否则容易造成叶片变黄脱落（图136）。

（3）拧梢

对架面上的强旺枝（延长枝除外）进行拧梢控制，将其培养成来年的结果母枝。拧梢一般在当年生枝40~50 cm长时，即枝条半木质化时进行。一只手捏住枝条基部，另一只手握住枝条上部，朝着架面有空间处拧转其枝轴，使枝头变向变势，拧枝后加以固定，以防与其他重要枝条形成交叉而影响其正常生长发育。直立强旺枝一般拧成水平状，水平强旺枝可拧成下垂状（图137）。

2. 果实管理

软枣猕猴桃坐果后应疏除受精不良果、畸形果、病虫果和日灼、有伤、过

图137　强旺枝拧梢效果

图138　果实在架面均匀分布

密的果粒，保证所留的果大小整齐一致、分布均匀（图138）。

3. 土肥水管理

果实发育期间应根据土壤及杂草生长情况及时进行中耕，保持土壤通气良好，增加土壤有机质。通常灌溉后和大雨后要中耕，深度3~4 cm，里浅外深。也可以在行间种苜蓿、草木樨、三叶草等，在适当的时间进行刈割，割下的草对果园进行覆盖。

软枣猕猴桃果实发育期的生理机能最旺盛，若土壤水分、养分不足，会致使幼果皱缩和脱落，影响根的吸收功能。因此，这一时期应加强肥水管理。从坐果到果实成熟一般需追肥2~3次。分别于花后、果实膨大期、果实成熟前进行。花后肥于落花后立即施入；果实膨大肥在果实迅速膨大期施入，注意氮、磷、钾肥的配合，有条件的可配施腐熟的饼肥；果实成熟前追施高钾复合肥。每次追肥后要及时进行灌溉。另外可结合喷药进行叶面喷肥。坐果后，每10天喷一次0.2%~0.3%的磷酸二氢钾，连续喷施3~4次，对提高果实品质有明显作用。还可喷钙、锰、锌等叶面微肥。叶面喷肥的种类和次数根据植株需肥情况而定。

软枣猕猴桃喜水但又怕涝，果实发育期可根据降雨情况，每7~10 d灌1次小水。雨季做好排水工作，防止园区长时间积水。对于生草果园，每次刈割后，为促进再生，应及时灌水；豆科牧草对灌溉的反应比禾本科牧草敏感，要加强灌水。

4. 病虫害防治

果实发育期做好锈壁虱、红蜘蛛、蓑蛾、大青叶蝉、软枣猕猴桃肖叶甲、灰匙同蝽、金龟子、桑白蚧、白粉病等防治。

五、果实成熟期如何管理?

软枣猕猴桃的果实成熟期因地区、品种不同而不同。我国北方软枣猕猴桃成熟期为8月下旬至10月下旬。此期特点是：果实不再明显增大，果实开始变软，富有弹性，而且有光泽，果皮逐渐表现出本品种固有色泽，有色品种开始着色。营养物质迅速积累和转化，果实糖分积累增加，酸度减少，芳香物质形成增多，风味形成。此期的生产任务是，改善光照条件，控制水分，防止后期徒长，防治病虫，保护叶片，提高果实品质，主要任务有追肥、控水、防落、病虫害防治、采收等。

1. 树体管理

(1) 疏枝、摘叶

在果实成熟期摘除对果实遮光较严重的叶片。摘叶可以改善通风透光条件，促进果实着色和提高内在品质；叶片过密的植株，适当摘叶还有利于促进树冠内膛和下部的花芽分化。摘叶前应通过细致修剪疏除遮光强的内膛徒长枝和外围密生枝（图139），以改善树冠各部通风透光条件，提高果实品质。果实成熟前10 d进行摘叶增色，将挡光的叶片或紧贴果实的叶片少量摘去，可以使果实全面均匀着色。摘叶要适时、适度、适量。

图139　摘叶

(2) 吊枝和拉枝

红色品种果实开始着色后，阳面已部分上色，可用细绳或铁丝把下垂结果枝或结果枝组吊起，使原背阴面也能见到直射光，促进着色，提高商品价值。采用吊枝和拉枝调整枝的方向，把原生长位置的大枝，上下、左右轻拉，改变原光照范围，向缺枝部位调整，可使树冠枝条分布均匀，冠内、冠下果实都能着色。

（3）果实采收

果实采收的早晚，对果品产量、品质、贮运性和树体贮藏营养等都有较大的影响。采收过早，果实尚未成熟，产量低，品质没有达到品种应有特性，风味淡，品质差；采收过晚，果实成熟度高，变软，不适于长途运输和贮藏，树体养分消耗大，不仅影响当年果实的销售，还影响第二年产量。因此，正确确定果实采收成熟度，做到分期、分批采收，才能获得高档优质的果实。

①采收前的准备。采收前，必须做好各项准备工作，如劳动力的安排，采收工具、包装用品、运输机械的检查与维修，调查全园各地区品种生长成熟期、估产，做好市场调研、广告宣传、贮藏保鲜等准备工作。

②采收时期的确定。果实成熟度一般分为3种，即可采成熟度、食用成熟度和生理成熟度。成熟度可以根据果皮的颜色、果肉硬度、果实糖酸含量、肉质风味等判断。采收时期应结合成熟度、用途、品种、气候条件、不同市场需要等来确定。如鲜食品种应该达到该品种特有的色、香、味，适合鲜食品种的贮运。采果要选择晴朗的天气，在晨露干后至上午12点前和下午3点以后进行，避开雨后或炎热天气条件下采收，最大限度地减少果实田间热。下雨、有雾或露水未干的时候采摘的果实，由于果面附着水滴，容易腐烂。如必须在雨天采果，需将果实放在通风良好的场所，尽快晾干。要分批、达标采收，避免一次性采收。

图140　采前可溶性固形物测定

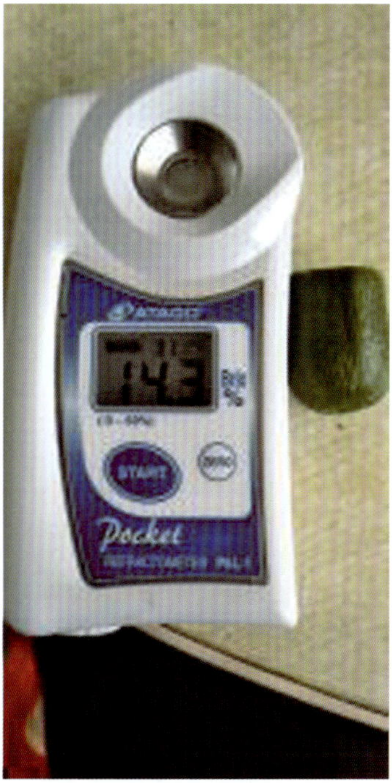

成熟度还可以从以下几方面具体判断：第一种方法是观察果皮色泽。果实成熟过程中果皮色泽有明显的变化，绿色品种以果皮底色减退为依据，红色品种以着色程度来判断。第二种方法是测定果实可溶性固形物。可溶性固形物可以用手持测糖仪测定，一般硬果可溶性固形物需要达到6.5%以上方可采摘（图140）。第三种方法是计算果实发育的天数。每个品种都有其固有的果实发育期，在同一栽培环境条件下，从开花到果实发育成熟所需的天数相对稳定（因地区稍有不同）。早熟品种果实发育期需要达到80 d，中熟品种果实发育期需要达到105 d，晚熟品种果实发育期需要达到120 d左右。第四种方法是观察种子发育程度。种子的发育程度是果实成熟度的一个重要的参考指标，软枣猕猴桃种子变褐可作为采收的参考指标，可结合果

图 141　观察种子颜色

实发育天数、可溶性固形物等指标进行综合判断（图 141）。

③采收方法。目前软枣猕猴桃果实采收的主要方法是人工采摘，使用的采摘容器有泡沫箱、采果篮、采果袋、果筐或纸箱等（图 142）。采果篮底及四周用泡沫软垫、软布及麻袋片铺好，防止扎、碰坏果面。采摘应按自下而上、由外至内顺序进行。采收前要求采果人员剪平指甲并戴手套；采摘时，用手抓住果实，食指推动果柄，果柄即与果实分离（图 143），也可用疏果剪贴着果实剪断果柄。采摘下来的果实要轻拿轻放，以容器八至九成满为宜。采摘后及时运入分级场地，果实临时存放须置于阴凉处，避免阳光的直晒；搬运过程中要轻装轻卸，避免挤压或其他机械损伤。

2. 土肥水管理

果实接近成熟时，为提高果实品质，一般不再进行灌水，但在降雨很少、

图 142　果实采收容器

图 143　摘果

土壤含水量很低时，也应适量灌水。果实成熟期应连续喷2~3次氨基酸钙，以提高其耐贮运性。

3. 病虫害等的防治

此期要加强对叶片的保护，防止因病虫为害造成早期落叶（图144），影响果实品质。果实成熟前重点防治对象是红蜘蛛、褐腐病、果腐病、灰霉病、叶蝉等。同时要预防果实日灼。

图144　采前早期落叶

六、果实采收后如何管理？

本期指从果实采收后到落叶为止，此期的管理通常又称为秋季管理。软枣猕猴桃为多年生果树，果园管理连续性要求很强，但是生产中不少果农把果实采收当成全年管理的结束。由于采后失管，树体缺水、缺肥，病虫害增多，严重影响花芽分化和养分积累，造成来年减产。果实采收后，叶片的光合作用仍在继续，根系进入秋季生长高峰，花芽继续分化，树体进入树势恢复和养分积累阶段。这一时期加强管理，对促进树体健壮生长，恢复树势，提高花芽的数量和质量，提高树体营养，减少病虫害的发生，增强树体越冬能力，确保连年丰产、稳产均有重要的作用。因此，应该把采果后管理当成第二年优质高产栽培的开始，做好采收后管理工作。

1. 树体管理

在做好前期修剪的基础上，疏除架面的过密枝、重叠枝、竞争枝、细弱枝、病虫枝、交叉枝、底部不见光的无效枝、秋季萌发的直立嫩梢、剪锯口附近的萌条、受伤受损的枝条等；回缩细长枝、衰老下垂枝、拖地枝等。9月上旬对未停止生长的新梢进行摘心，使秋梢停止生长。秋季修剪造成的营养损失比冬剪大，修剪切勿过重，时间要适当，过早会引起二次生长，过晚则难以收到良好效果。

2. 土肥水管理

（1）清园

果实采收后，要及时对树上、地下残次果、病虫果、枯枝落叶、落果和杂物等进行清理，集中深埋或焚烧，保持果园地面清洁、无杂草，杜绝病虫源，减少来年病虫害的发生。

（2）喷施叶面肥

果实采收后，叶片所制造的营养物质主要用于增强树体营养积累，提高花芽的数量和质量。因此采果后要结合病虫害防治加强叶面喷肥，恢复树势，增强叶片的光合能力。可喷施尿素、氨基酸钙、磷酸二氢钾、磷酸二铵、光合微肥、叶面宝等。每10 d喷一次，能有效地提高叶片光合能力，提高果树翌年的开花质量和产量。在结果多、树势偏弱的情况下，可采用枝条增氮技术，即利用秋季气温低、叶片老，在落叶前2周叶面喷施0.5%~1%尿素，以提高树体营养水平。

（3）深翻扩穴

若果园的土壤条件不好，黏重、板结、石子多，则应深翻扩穴。深翻需将土块砸碎，然后浇水，增加土壤通透性——有利于促进土壤中有机物的转化与吸收利用，为根系生长创造有利条件。深翻扩穴可结合秋施基肥（开沟施肥）进行（图145）。

图145　深翻扩穴施肥

（4）秋施基肥

基肥是在较长时期内供给果树养分的基本肥料，含有丰富的有机质，能供给树体整个生长期所需的大量元素和微量元素，为补充树体消耗、恢复树势、开花结果奠定良好基础。基肥多以含有机质丰富的厩肥、堆肥、作物秸秆、绿肥、人粪尿等迟效性肥料为主。作为基肥使用的有机肥应预先堆积充分腐熟。施入时最好加入适量的过磷酸钙，以利有机肥的分解和根系的吸收。磷肥（过磷酸钙、骨粉）宜在厩肥、人粪尿等有机肥堆积腐熟过程中混入，以增加其肥效。

基肥应在9月至10月间尽早施入。此时正值根系生长高峰，断根容易愈合，利于新根的生长，且此时地温高，肥料腐烂分解时间充分，部分肥料可在当年被根系吸收，利于有机营养物质的制造和贮藏，利于花芽的后期分化和来年的开花坐果。基肥的施入量应占全年施肥量的70%以上，具体数量应根据树龄、树势、栽植密度、结果量、土壤状况和有机肥的质量及特性等确定，瘠薄地、山地和沙地宜多施，成龄树也宜多施。

以腐熟的农家肥为例，幼树和初结果树一般每亩施基肥2 000~4 000 kg；盛果期树的施肥量应按结果量大小而定，一般每亩施基肥4 000~5 000 kg，并混施适量化肥（氮肥、磷肥和钾肥）。通常每生产100 kg果至少需施有机肥100 kg，再加1~2 kg磷肥。

正确的施肥方法有利于肥料的充分利用和根系向更深、更广生长。施肥的深度一般为20~50 cm，施肥范围应避开大粗根区域，目的是在满足树体营养供应的同时，向更深更广处引导根系，以提高树体抗旱和耐瘠薄的能力。盛果期树可全园撒施，幼树期和初果期树可采用环状沟施、放射状沟施、条状沟施和隔行条状沟施等方法。

全园撒施：进入盛果期后的果园或者密植园，根系密布于全园。施肥时可先将肥料均匀撒于园内，然后用机械浅翻或旋耕，一般深度5~10 cm。一方面可疏松土壤，增加土壤团粒结构，提高土壤孔隙度，有利树体根系抽发，一方面可通过深翻后断根促发大量新根，促进根系更新，从而提高根系活力，利于养分和水分的吸收（图146）。

图146　全园撒施

环状沟施：以树冠投影外缘为界线围绕树干挖环状沟施肥，一般与深翻扩穴相结合，并随着树冠的增大，逐年向外扩展。此法具有操作简单、用肥经济等优点。但挖沟易切断多条水平根，且施肥范围较小，因而一般多用于幼树（图147）。

放射状沟施：以树干为中心，根据树体大小从距树干50~100 cm处开始由里向外挖6~8条放射状沟进行施肥，里窄（20 cm）外宽（40 cm），沟的深度应里浅外深，以不伤及大根为度，沟的长度应超过树冠的垂直投影30~50 cm。且每年要变换放射沟的位置。放射状沟施肥比环状沟伤根少（图148）。

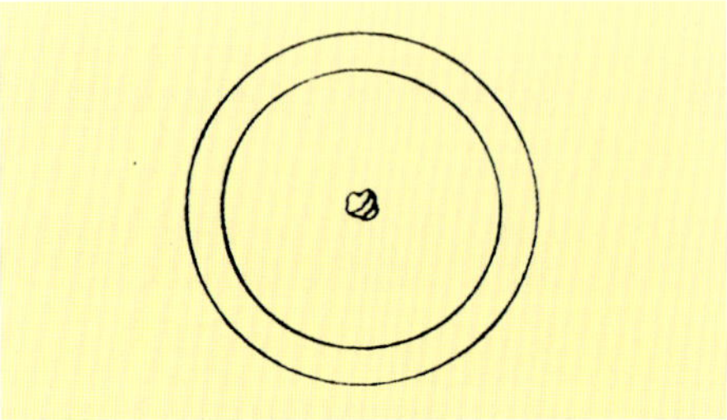

图147　环状沟施

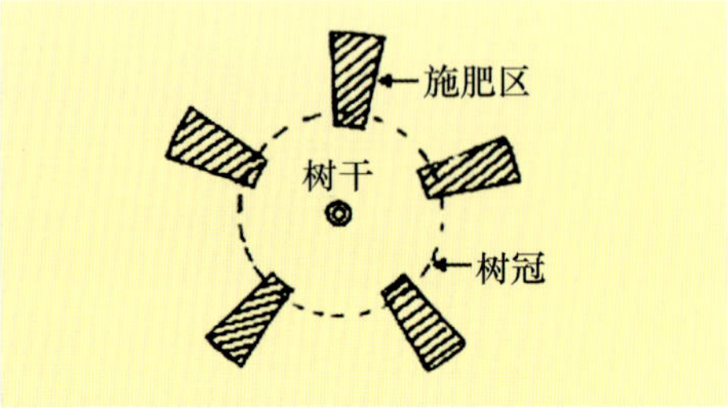

图148　放射状沟施

图149　条状沟施

条状沟施：从树冠投影的外缘开始在行间或株间挖条状沟施肥，每年变换位置。此方法简单、用工少、施肥经济，但施肥范围小，适用于密度大或树龄长的果园（图149）。

其他施肥方法：除以上施肥方法外，还有穴施、穴贮肥水等施肥方法。对于这些施肥方法，应根据具体情况选用，且应交替采用不同的方法。施肥后要浇1次透水。

（5）果园覆盖

覆盖（秸秆等）可起到抗旱保墒、提高土壤温度、改良土壤、提高土壤肥力的作用。秋季可结合农作物收获，收集秸秆进行果园覆盖（图150）。入秋至霜冻之前，可用农作物的秸秆铡碎，均匀地铺在树盘下，厚度为10~15 cm。

（6）灌水

秋季施肥后要灌1次透水，秋旱时应根据土壤湿度及时灌溉；如雨水较多出现积水时，应注意排涝，防止因涝影响树体的生长发育。寒冷干旱地区进入

图150　秸秆覆盖

冬季前，为了防止冬旱，在土壤封冻前应灌足封冻水，提高果树的越冬抗旱、抗寒能力。

3. 病虫害防治

（1）保护叶片

果实采收后要重视叶片保护，保叶程度是衡量秋季管理水平的主要标志。保护好叶片对增强叶片的光合能力、延长光合作用时间、增加光合产物积累和树体营养贮备及花芽的后期分化有重要作用。在采收果实时，要注意尽量减少对叶片的损伤。在生长后期，要防止叶片过早老化和光合效率的降低。采果后根据虫情、病情适时喷2~3次杀虫、杀菌剂和叶面肥，可显著延长有效叶片的功能期，防止因病虫危害成落叶。

（2）彻底清园

果园采收后要结合秋季修剪，剪除各类带病枝芽、被害枝条，锯除患病的枝干，刮掉树干、大枝上的老树皮缝、树斑，捣毁枝梢虫茧及粗翘皮缝害虫隐藏的场所，彻底清理园中的枯枝、落叶、病虫烂果、杂草等，集中烧毁、挖坑深埋或在果园高温堆肥，对树体主干和主枝进行涂白防护。对被透翅蛾、吉丁虫蛀孔的大枝、主干，要用药棉、药泥堵塞蛀口，以达到灭虫保护树体的目的。彻底清园，消灭虫病源，不留死角，可为来年生产创造一个良好的生态环境。继续抓好对锈壁虱、红蜘蛛、褐斑病、白粉病等多种病害的防治，做到集中喷药，及时喷药，防止叶片早期脱落，促进树体养分积累。

七、休眠期如何管理？

休眠期从树体落叶休眠开始到翌年萌动为止。休眠期养分回流贮藏于根系和骨干枝，植株的呼吸作用、蒸腾作用及其他代谢活动微弱，根系停止生长，树体生命活动处于相对静止的状态。这一时期是一年当中最冷的季节，树体容易受冻害和发生抽条。此期的生产任务主要是保证树体安全越冬，完成冬季修剪。还可利用空闲时间总结上一年生产经验，制订新一年生产计划。

（1）树干涂白

主干和主枝涂白可以减少树体对太阳热能的吸收，降低树干昼夜温差，防止冻害发生，还可以杀死越冬病虫。涂白剂常用配方为：水 10 kg，生石灰 3 kg，食盐 0.5 kg，豆油 0.5 kg，石硫合剂原液 1 L。配制时首先用少量水化开生石灰，滤去渣子成石灰乳。然后用热水化开食盐，并将石硫合剂原液倒入食盐水中。最后，将食盐、石硫合剂水倒入石灰乳中，搅拌均匀。涂白时可以用毛刷将涂白剂均匀地涂在树干及大枝上、根颈及分杈处（图 151）。

（2）枝干包扎

耐寒较差的幼树，可用作物秸秆、稻草等将幼树的枝干包扎起来，包扎时应包严包紧，不留空隙。包扎对增强果树防寒能力、减少水分蒸发和寒风侵害、防止抽条有良好效果（图 152）。

（3）喷果树保护剂

果树保护剂在树体上形成保护膜后，可减少树体水分散失，防止抽条。在冬季寒冷的地区可于1月下旬和2月中下旬各喷一次，也可以涂抹。常用的保护剂有2%~3%聚乙烯醇，100~150倍的羧甲基纤维素，5~10倍的石蜡乳剂，高脂膜等。使用前聚乙烯醇需要用沸水化开，然后再稀释。羧甲基纤维素最好用

图 151　树干涂白

图　152　枝干包扎

5~10倍的温水浸泡24 h，使之成糊状，然后兑足水再喷（图153）。

（4）摇落积雪

大雪过后，应及时将树冠积雪摇落，防止融化的积雪在树体上结冰，使树体受冻和压断枝条（图154）。

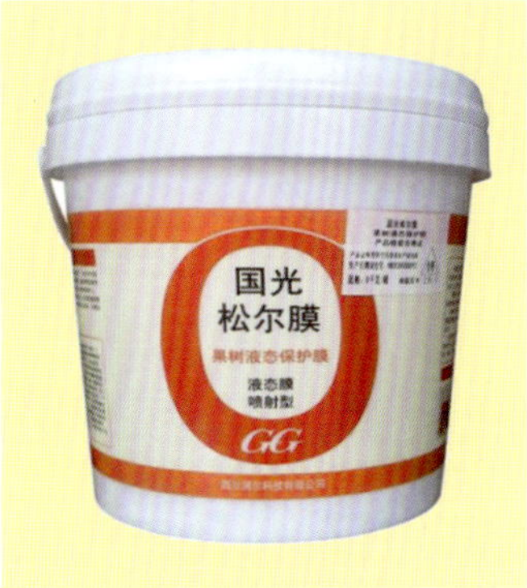

图153　果树保护剂

图154　软枣猕猴桃树上结冰

第七章

Chapter 7

软枣猕猴桃采后商品化处理与贮藏

一、软枣猕猴桃采后商品化如何处理？

1. 软枣猕猴桃的分级

（1）分级的意义

软枣猕猴桃采收后需要经过一系列的商品化处理才能进入流通、消费领域。分级是采收后商品化处理的第一步，通过分级可以降低产后果品损耗，便于包装、运输、贮藏，提高软枣猕猴桃的商品性，实现优质优价，提高市场竞争力。

（2）分级方法

目前软枣猕猴桃分级主要采用传统的人工分级方式。人工分级常采用目测法，按果实颜色、大小将果实分级。此法因分级标准容易受操作人员心理因素的影响而偏差较大。人工分级效率低、一致性较差，但能最大限度地减轻对果实的机械伤害。重量式选果机是机械分级的代表，其优点是对果个大小分级准确率高，但不易对果形指标进行鉴别、分级。

（3）分级标准

软枣猕猴桃分级的主要项目有果实大小、形状、色泽、整齐度，有无机械伤、药害、病虫害等。目前我国尚没有软枣猕猴桃分级的国家标准和行业标准，辽宁省地方标准（DB21/T 2634—2016）《软枣猕猴桃贮运技术规程》中对软枣猕猴桃的等级要求如下表所示：

软枣猕猴桃等级要求

等级	等级要求	基本要求
特级	具有本品种全部特征和固有外观颜色，无明显缺陷	果形端正，无畸形果，无腐烂；洁净，无明显虫伤和异物；无变软，无明显皱缩；无异常外部水分；无异味；采收期可溶性固形物应达到6%以上
一级	具有本品种特征，可有轻微颜色差异和轻微形状缺陷，但无畸形，表皮缺损总面积不超过0.2 cm^2	
二级	果实无严重缺陷，可有轻微颜色差异和轻微形状缺陷，但无畸形。可有轻微擦伤；果皮可有面积之和不超过0.3 cm^2 已愈合的刺伤、疮疤	

2. 软枣猕猴桃的包装

软枣猕猴桃果实皮薄、肉软、易失水并易受到微生物侵染，商业化生产需要对软枣猕猴桃进行科学的包装，才能减少采收后的损耗，保证果品的卫生和安全。另外，科学的包装还利于机械化操作、利于运输、贮藏保鲜和延长商品的货架期，实现贮藏、运输和管理的标准化操作，从而提高软枣猕猴桃的商品性和附加值，提高市场竞争力。

图155　软枣猕猴桃外包装

（1）包装材料与包装方式

软枣猕猴桃的包装材料应清洁干燥、美观牢固、无毒、无害、无异味。目前我国普遍使用的外包装有塑料箱（图155）、泡沫箱、纸箱、PVC板箱、独立托盘等，但以泡沫箱为多。每种材料都有其优点和不足之处。

塑料箱：目前市场上广泛应用塑料箱内衬塑料袋的形式贮藏、运输软枣猕猴桃。该包装形式相对成本较低，可采用保鲜剂及塑料薄膜延长软枣猕猴桃的保存时间。其缺点是塑料袋中软枣猕猴桃简单地堆叠在一起，运输过程中的冲击、震动及温度对软枣猕猴桃品质的影响较为严重，易产生破粒的情况。

泡沫箱：软枣猕猴桃也常采用泡沫箱内衬塑料薄膜的形式进行运输。泡沫箱的成本比塑料箱高，但缓冲性能和隔热性能优良，而且洁净美观大方，目前普及较快。使用泡沫箱仍需使用保鲜剂来延长软枣猕猴桃的贮运时间。其缺点是由于泡沫箱本身厚度较大，所以占用空间较大，导致物流成本增加。软枣猕猴桃在箱内预冷不彻底时，贮藏中箱内易出现果温偏高现象，需将箱壁打孔加强通透性。泡沫箱利于运输中保持低温和抵抗冲击力，因此许多地区贮藏软枣猕猴桃时用硬塑箱，运输与销售时再换成泡沫箱。

纸箱/盒：一般多为瓦楞纸箱，由箱板纸和瓦楞纸组成，中间有许多空气层，具有良好的隔热和缓冲性能，是现代运输包装应用最广泛的一种形式。其优点是使用前可折叠，易搬运，尺寸规则，适于机械化装卸，易于堆码、存放，可提高运载量和仓库利用率，并且便于进行精美的装饰设计，起到宣传作用。其主要缺点在于瓦楞纸箱在受潮后力学性能会大幅下降，软枣猕猴桃为多汁类浆果，如塑料薄膜阻隔性能不好，渗出的汁液直接影响包装箱在贮运过程中的堆码强度。

小包装：一些高档果品常采用小包装形式。将软枣猕猴桃直接做成小包装商品放于冷气货柜内销售，不仅提高了果品的档次，而且大大延长了货架

图156　软枣猕猴桃小包装

图157　软枣猕猴桃单果包装材料

寿命。小包装材料有透明带孔的塑料盒、塑料托盘、纸托盘等（图156）。常见的托盘为塑料、泡沫或纸质材料，规格为长20 cm，宽12 cm，高2 cm，盘下有通气孔。小塑料盒规格为长10.5 cm，宽10.5 cm，高4 cm，盒上或盒下有小孔。盒与托盘盛装软枣猕猴桃后再用保鲜膜封装。小包装上印制商标、品名、产地和公司名称等。采用小包装的软枣猕猴桃可放置于礼盒箱中进行运输。其优点在于缓冲效果较好，能有效减少运输过程中的损耗，缺点是包装成本较高，以人工操作为主，包装效率较低，适于高端果品的推广应用。

单果包装：单果包装采用包装纸、塑料发泡网套等（图157）。果实可直接用包装纸、发泡网套包装，也可以先用包装纸后再加塑料发泡网套，这样可以有效缓冲运输碰撞，减少机械损伤。包装纸还有吸潮及保证透气性能的作用。单果包装还可以采用薄膜包装的方法，将果实包装在具有良好通透性的保鲜膜内，起到自发气调的效果，延长果实贮藏寿命。

单果包装后放入外包装中，均匀放置，中间用塑料发泡板隔开。并在纸箱侧面打孔，以达通气保鲜效果。外包装可用纸箱、塑料箱、泡沫箱、木箱等，可视情况作为贮藏箱、周转箱和销售包装箱。

（2）包装方法

软枣猕猴桃采收后应立即装箱，避免风吹日晒，否则易失水、损伤、污染。最好从田间采收到贮运销售过程中只经历一次装箱包装，切忌多次翻倒、多次装箱、多次包装，否则每一次翻倒都会引起严重的碰、拉、压等机械损伤，造成病菌侵入而发生霉烂。分级装箱可采收后在田间进行或者进入车间选果、分级、包装。

田间装箱方法：首先在树上进行选果，按分级标准进行分级采收，分级装箱。箱内应衬有保鲜袋。将软枣猕猴桃果柄剪除，分层靠紧轻轻摆放，不留空隙，按装箱量的要求装满，并敞开保鲜膜袋口，送到冷库预冷（图158）。

车间装箱方法：由田间采收预装箱的软枣猕猴桃，送到选果包装车间，人工选果按分级标准分别装箱。软枣猕猴桃先摆放底层，挨紧不留空隙；然后摆放上层，摆满为止。不能高出箱沿，当箱盖盖严时果实松紧适中，箱盖保持平齐而不凸凹。装满软枣猕猴桃后，敞开袋口，送冷库预冷。

图158 软枣猕猴桃预冷

（3）包装规格

软枣猕猴桃宜按照5 kg、10 kg的规格包装。

3. 软枣猕猴桃的预冷

（1）预冷的意义

软枣猕猴桃采收后均带有田间热，并且果实在进行呼吸代谢活动中会释放大量热量，在运输、冷藏或者加工前如果不及时预冷，温度会不断升高，从而引起腐烂、失水、贮藏性能下降、病害加重等。因此软枣猕猴桃采摘后及时预冷可以使果实逐步适应贮藏的低温条件，降低呼吸速率，延长贮藏期。预冷一般在产品分级、包装后进行，并需要预冷设备以及一定的空间来操作。

（2）预冷前的准备

软枣猕猴桃的包装物(筐、箱)均应用0.7%的福尔马林溶液喷施消毒。预冷选用无二次污染的杀菌剂进行封闭熏蒸24 h。入贮前2~3 d可喷洒福尔马林等消毒液。预冷前1~2 d，将预冷冷库制冷机启动，使库温下降至-1~0 ℃。

（3）预冷方式

预冷方式大体分为3种：冷风预冷、差压通风预冷和隧道式差压梯度预冷。

冷风预冷是在软枣猕猴桃分级、包装后直接放在预冷库或者冷藏库内，利用冷风机强制冷空气循环流动，使软枣猕猴桃箱垛之间冷空气与箱内产品外层、内层产生温差，通过对流和传导逐渐使箱内产品温度降低。空气的对流风速设计一般在3 m/s以下，有的甚至在1.5 m/s以下。冷风预冷是一种没有特别组织气流的预冷方式，也是目前最广泛应用的冷却方式。

差压通风预冷比冷风预冷多一个静压箱和一台差压风机。风机负压侧与静压箱连通。风机运行时，静压箱内产生负压，抽吸冷库中的冷空气，使冷库中的冷空气快速地通过有孔的软枣猕猴桃包装箱，造成包装箱内外两侧产生压力差。由于强化了传热且通风均匀，可使冷却速度加快，预冷时间缩短，且投资不大，对软枣猕猴桃快速预冷尤其适用。

隧道式差压梯度预冷是在差压库的技术基础上，在隔热的箱体内安装传送带，使软枣猕猴桃在传送带传递过程中完成预冷，预冷装置可连续操作，果品随进随出；连续输送的软枣猕猴桃由采后初温28℃左右逐渐预冷到中心温度为0℃。此种方式的优点是预冷速度快、冷却均匀、连续性作业、生产能力大，在一定时间内可进行大批量快速预冷，适用于软枣猕猴桃大量预冷。

（4）放保鲜剂与封口

软枣猕猴桃预冷完毕后立即投放保鲜剂并封口。保鲜剂的投放应依据不同品种、不同包装投放不同的量。封口前要测定库温及果心温度，一般温差不能超过2℃。如果预冷不完全进行封口，会在软枣猕猴桃贮藏期间产生结露或起雾，造成软枣猕猴桃腐烂、霉变。封口后即可以进行冷藏运输或贮藏。

（5）预冷注意事项

预冷时间的长短跟果粒大小、包装、每次的入库量及预冷方式有关，软枣猕猴桃冷风预冷一般每次入库量不超过总库容的40%。采收得越早，预冷时间越长。

预冷时要敞口预冷，并且包装箱中的保鲜膜口应顺包装箱边缘全部伸平挽下，避免热空气在褶皱处结露，增大保鲜膜壁的湿度。封口时，应先用高温消毒后的软纸或纯棉纱布擦干后再扎口或半封口。

4. 软枣猕猴桃的运输

软枣猕猴桃的运输工具应清洁、卫生、无污染、无杂物，具有防晒、防雨、通风和控温设施，可采用保温车、冷藏车等运输工具（图159）。果品不得与有毒有害物质混运。装载时应确保包装箱分批次顺序摆放，防止挤压，应轻搬轻放，严防机械损伤。运输中应稳固装载，留通风空隙。在不损害鲜食软枣猕猴桃品质的情况下，运输过程中应综合考虑产地温度、运输距离、销地温度、适宜贮存温度等因素，采取控温措施，防止温度波动过大。

（1）运输方式

公路运输是当前软枣猕猴桃运输的主要方式。随着高速公路和高等级公路的快速建设，公路运输越来越显现出它的优越性。汽车可以直接开到软枣猕猴桃园或冷藏库，立即装车、发车，不受时间限制；路途中可两名驾驶员轮流驾驶，一刻不停地开往销售地，大大节约时间，保证货架果品新鲜度。

图159　冷藏运输车

1 000 km以内的常温运输：1 000 km以内可以用普通汽车运输。运输前做好充分的准备，一般下午组织人员集中采收，稍散热后装箱，箱底铺硬板纸，装箱称重后，敞口放在荫凉处晾4~5 h，再放快速释放的保鲜剂封箱装车，立即出发。常温运输要求做到快采、快运、快卸、快销。

1 000 km以上保温车或制冷车运输：销售地超过1 000 km的，应将采收的软枣猕猴桃立即入冷库预冷和作防腐处理。经预冷的软枣猕猴桃温度低、升温慢，在保温车中，在一定的时间内仍可维持较低的温度。

航空运输时间短，途中损失小，可在软枣猕猴桃充分成熟后采收运输，因而品质好，质量高，货架鲜度好，售价高，总的效益略低于汽车运输但高于火车运输。

（2）运输中的保鲜

引起软枣猕猴桃采后贮运与销售过程中腐烂的病原菌主要有青霉菌、灰霉菌等。运输过程中使用保鲜剂并采用冷链运输，可以抑制灰霉菌的感染与发展，降低运输中的损耗。

（3）运输工具检修与灭菌

软枣猕猴桃装车前，应对运输工具的主体、制冷元件、空气输送管道、温湿度记录设备、防护板和底部夹层等进行检查与维护。并对车箱箱体进行彻底清扫，用水、洗涤剂以及消毒剂对箱体进行认真的洗刷，以消除有害微生物和有害残留物。洗刷干净待箱体干燥后，方可装入软枣猕猴桃。

（4）提前降低车箱温度

如果采用冷藏车，装车前要将车箱温度降到要求的贮藏温度，以便产品快速降温并有利于后续温度管理。

（5）合理码垛

码垛影响车厢内和垛内空气环流，从而影响到货物的温度管理。因此，运输时码垛既要保护包装和货物不受运输工具运动引起的应力影响，同时又要保证调节空气在运输环境各部位的正常循环。

（6）运输条件与管理

为防止软枣猕猴桃与箱体发生二次运动及旋转运动，装箱必须紧密。所有包装容器应与运输工具构成一个整体。如果包装容器之间或包装容器与运输工具箱壁之间保留自由空间，就必须设置一些缓冲、固定和维持间隔的构造，防止包装容器位移。运输应依据运距选择适宜的运输工具和运输温度。中短途运输可选择亚常温运输，做好运前预冷。中长途运输应实施冷链运输，减少从预冷到市场销售过程中果品品温发生起伏变化，保持厢内不同部位温湿度均匀一致。运输中温度一般控制在0~1 ℃，适宜相对湿度90%~95%；车箱内要有足够的通风量，及时排除产品的呼吸热，以防止升温发热。通风除热降温应在夜间凉爽时进行，通风时不应停止制冷。

二、软枣猕猴桃怎样贮藏？

1. 冷库贮藏

温度是影响果实呼吸作用和酶活性的主要因素，低温贮藏能够有效地抑制果实的呼吸作用，降低乙烯的生成量和释放量，抑制果实内过氧化物酶的活性，维持超氧化物歧化酶活性，在一定水平上清除组织内产生的有害物质，还可以抑制致病菌的生长繁殖，避免褐变腐烂，利于果实保鲜。

现代化的机械冷库装有制冷降温设备，并具有良好隔热保温层的贮藏库房。一般由冷冻机房、贮藏库、缓冲间和包装场4部分组成，可以根据需要创造最适宜的低温条件，最大限度地抑制贮藏果实的生理代谢过程，达到长期贮藏的目的。软枣猕猴桃贮藏最适温度为（2±0.5）℃，空气相对湿度为90%~95%。冷库贮藏时管理如下：

（1）温度管理

冷库的前期管理：在无专门预冷库或冷库库体偏小的情况下，软枣猕猴桃很难通过敞口预冷1~2 d使果品温度达到2℃。因此，早期冷库温度可调整到比所要求的温度低0.5 ℃，以加快果实预冷。冷库温度控制随品种而异，也与成熟度有关系，如含糖量较高的果实较抗低温。冷库内不同部位温度也有差异，靠近风机的部位温度最低，在冷库进门处无风机一侧的温度稍高。在摆放果箱时，还应视品种、质量差异，选择合适的库位码垛。在冷库风机的风口处及每垛最上层的果实容易忽凉（开机阶段）忽热（停机阶段），通常可在靠风机部位用塑料膜、麻袋片等遮挡果箱。为了节省能源，当库外气温降到0 ℃时，应打开冷库的通风机，加速冷库降温。当外界温度低于-6 ℃时，则不宜利用自然冷源降温。

冷库的中后期管理：北方地区进入12月后，外界温度已经很低，制冷机起动次数减少。此时，应注意防止库温过低的问题，认真检查冷库的保温情况，一旦发现库温偏低，应及时采取保温措施。无论是自动控温冷库，还是氨制冷冷库，都应在冷库内不同处设置水银温度计，精确度应达0.1℃。冷库内的温度应以库内温度计为准，并注意调整自动控制系统的温度与库内温度的差异，更要防止自动温控系统失灵，做到及时检修温控系统及制冷系统。

（2）湿度管理

目前，我国软枣猕猴桃贮藏大都在箱内衬有保鲜膜，因此冷库的控湿问题与保鲜膜的选择有密切关系。各种保鲜膜都有一定的透湿性，尤其以PVC保鲜膜透湿性更好些。早期冷库的湿度应越低越好。

（3）气体流通

果实入贮后呼吸强度较高，应注意利用夜间低温通风换气。在管理中做到定期通风换气，保持冷库空气清新洁净。

（4）检查与处理

每个库中的果品，要按品种、质量等级分别码垛。以便随时观察贮藏中的变化。各类果品，甚至不同果园采摘的果品，都应选择有代表性的果箱作为观察箱。对上述不同类型的观察箱，应定期进行检查，贮藏前期和后期可每周检查1次，中期可每半月检查1次。对果箱检查一般是透过保鲜膜观察果实有无霉变或药剂漂白现象。有时应抽样敞口检查果实变化情况并及时处理。

2. 1-MCP 保鲜

1-甲基环丙烯(简称1-MCP)是一种新型乙烯受体抑制剂，与乙烯结构相似，并有一个带双键的丙烯环，因此具有比乙烯更高的双键张力和化合能。1-MCP通过与乙烯受体优先结合的方式，不可逆地作用于乙烯受体，阻止乙烯与其受体结合，抑制乙烯的生产，从而抑制其所诱导的果品、蔬菜、花卉等园艺作物的后熟、衰老等一系列生理生化反应。由于它无毒、用量低、作用持久、效果明显，因此在水果蔬菜的保鲜贮藏运输中有着广泛的应用前景。使用1-MCP后检测不到残留，因此它的应用被认为是果蔬保鲜贮运技术领域的一次革命。1-MCP对呼吸跃变型水果、蔬菜的保鲜作用非常明显。与其他一些有机化学物质(如重氮环戊二烯，DACP)相比，1-MCP具有使用浓度低、易合成、使用方便、安全无毒害、保鲜效果明显的特点（图160）。

图160　软枣猕猴桃1-MCP保鲜

3. 涂膜保鲜

涂膜保鲜是在果实的表面涂上一层很薄的无味、无毒和无臭的膜，以阻止空气中的氧气和微生物进入，有效地控制果实的呼吸强度、减少水分的蒸腾损失、防止果实失水干皱、增加果实表面光泽、延缓成熟过程、减慢果实的腐败及氧化变质的保鲜措施。在涂膜中加入适当的防腐保鲜剂，可以保持果实新鲜状态，降低腐烂损耗。目前广泛应用于果实保鲜的涂膜材料有糖类、蛋白质、多糖类蔗糖酯、聚乙烯醇、单甘酯以及多糖、蛋白质和脂类组成的复合膜以及可食保鲜剂等。利用成膜的大分子化合物作为保鲜剂组成，是近年来利用较多的较先进的保鲜方法之一。

第八章
Chapter 8

软枣猕猴桃主要病虫害防治

软枣猕猴桃在生长发育过程中会受到多种病虫害的侵染，且病虫害种类随着地区的不同而有差异。常见的病害主要有白粉病、褐斑病、茎基腐病、灰霉病、花腐病、根腐病、炭疽病、立枯病、猝倒病、果实软腐病等。主要虫害有桑白盾蚧、蓑蛾、透翅蛾、叶甲、地老虎、金龟子、叶蝉、吸果夜蛾、蝙蝠蛾等，还有红蜘蛛、锈壁虱、根结线虫等。

一、软枣猕猴桃主要虫害有哪些？如何防治？

1. 蓑蛾

蓑蛾属鳞翅目蓑蛾科，雌雄异形，体黑褐色。雄虫有翅，前翅有几处透明斑，有复眼，触角羽状，喙退化。雌虫无翅、无足，肥胖如蛆，终身居住在幼虫所形成的巢内。幼虫肥胖，胸足发达，腹足有单序趾钩，形成椭圆形圈，能吐丝，并与枝叶结成袋形的巢，背着巢行走。幼虫取食刚萌发的芽、叶片、嫩枝皮及果皮。病害发生较重时，几天能将全树叶片食尽，残存秃枝光干，严重影响植株生长，甚至使枝条枯萎或整株枯死（图161）。

蓑蛾在辽南地区一年发生2代，以老熟幼虫在巢囊中越冬。主要在3月下旬（软枣猕猴桃萌芽期）和7月下旬（果实发育期）进行为害。冬季或早春可人工摘除护囊，集中烧毁。成虫发生期可用频振式杀虫灯诱杀成虫。在幼虫发生时，可喷洒1%甲氨基阿维菌素苯甲酸盐乳油2 500~3 000倍液、2.5%溴氰菊酯（敌杀死）乳油2 000~3 000倍液进行杀灭。

图161　蓑蛾为害状

2. 柳蝙蛾和猕猴桃准透翅蛾

柳蝙蛾和猕猴桃准透翅蛾是主要蛀干害虫。以卵在地面、树干缝隙及幼虫在树干基部蛀食隧道越冬。幼虫孵化后会蛀入茎内隐蔽，再蛀食髓部或向下蛀食直达根部。有时将树皮啃成环剥

图162　蛀干害虫为害状

状，在被害部可以观察到虫孔，蛀孔处有大量粪屑，且常畸形膨大如瘤状，极易折断（图162）。幼虫蛀入后会使植株上部枝干枯萎、折断、生长极度衰弱或死亡。防治两种害虫的幼虫是有效防控的关键。

（1）严格检疫

苗木栽植前，进行严格检查、检疫，及时清除有虫苗木，严禁用带虫苗木建园，防止虫情传播、扩散。

（2）农业防治

冬季，结合修剪进行清园，剪除带虫枝条，并将带虫枝条集中烧毁，减少虫源，降低越冬基数。成虫羽化期，组织人工捕杀。幼虫蛀入后，用铁丝插入蛀道、侵入孔或羽化孔钩杀。

（3）物理防治

利用昆虫的趋光性，悬挂频振式杀虫灯或黑光灯诱杀成虫，每5亩设1盏(离地2.0~2.5 m)，减少产卵量，降低虫口基数。

（4）生物防治

改善果园及周边生态环境，吸引大斑啄木鸟等鸟类栖息繁衍，捕食透翅蛾幼虫。幼虫期、蛹期，释放姬小蜂等天敌。幼虫为害期，清除蛀孔内粪屑，注入白僵菌粉剂防治，也可用苏云金杆菌、核型多角体病毒等病原微生物制剂防治。成虫羽化期，利用性信息素(诱芯)诱杀成虫。

（5）化学防治

适时适量使用高效、低毒、低残留、环境友好型农药，采取对症用药、交替用药、混合用药等方法喷施，以提高防治效果。幼虫发生初期，喷甲维毒死蜱、吡虫啉防治初孵幼虫。对蛀入枝干的幼虫，可用长针或细铁丝插入蛀孔刺杀幼虫，或者将吡虫啉、敌敌畏等用针管注入蛀孔内，再用黄泥密封孔口。成虫产卵盛期，喷溴氰菊酯、甲氨基阿维菌素苯甲酸盐杀灭成虫。

3. 葡萄肖叶甲

葡萄肖叶甲属鞘翅目肖叶甲科，在我国主要分布于东北及内蒙古、宁夏、河北、山东、山西、河南等地，以成虫和不同龄幼虫在软枣猕猴桃根附近土中越冬，为害软枣猕猴桃的叶片和果实。成虫多夜晚取食为害，以傍晚至22:00咬食最盛，取食后即在叶片间、叶面上或新梢上栖息不动或落地入土。受害叶片呈条形孔洞，严重者呈罗网状；受害果实表面呈条形疤痕（图163）。成虫有假死习性，受惊即假死落地，可利用这一习性在成虫发生期将虫震落杀死。生长期可喷施高效氯氟氰菊酯等进行防治。春季可使用辛硫磷等触杀剂撒于地面并及时松土，消灭越冬成虫和幼虫。也可人工剥除老翘皮，清除虫卵进行防治。

图163　葡萄肖叶甲为害状

图164　离子瘿螨为害状

4. 瘿螨和叶螨

两类害螨均以成、若螨吸食叶片和果实汁液为害，以瘿螨为害较为常见。据中国农科院特产所鉴定，软枣猕猴桃上发生的是一种离子瘿螨（俗称绣壁虱），受害叶片叶色暗淡硬化，叶背呈现“锈色”（图164），果实受害后，果皮出现锈色、变粗糙，商品性下降。瘿螨体小色浅，不易发现，常被误以为是病害，贻误防治时机。叶螨包括山楂叶螨、苹果叶螨和二斑叶螨等，受害叶片呈黄绿色失绿斑块。（图165）因螨类的繁育能力很强，螨害全年都可以发生。

防治措施为：在软枣猕猴桃树早春发芽前，刮树皮并集中烧毁，及时清除枯枝落叶和杂草，减少虫源，用3~5°波美度石硫合剂进行喷杀，消灭越冬虫源。生长季可用阿维菌素、三唑锡、矿物油、螺螨酯等连续喷杀2~3次，每次间隔7 d左右。

图165　红蜘蛛为害状

图166　桑白蚧（休眠期、生长季）

图167　人工刮除蚧壳虫（休眠期）

5. 蚧壳虫

蚧壳虫是果树上最常见的害虫，常群集于枝、叶、果上，以吸取植物汁液为生，不仅影响枝干，还影响果品产量质量，并传播病菌。桑白蚧（图166）为害时枝条或树干表面布满灰白色蚧壳，虫口密度大时可导致受害树体病、虫双重危害，从而影响光合作用，削弱树势，严重时会造成枝条凋萎或全株死亡。

蚧壳虫防治困难，提倡以生物防治为主，结合农业防治，辅以科学用药的综合防治措施，以减少用药次数和用药量，保护环境，提高社会效益和生态效益。如结合冬季修剪彻底清园，剪去蚧壳虫密度大的枝条，刮除枝干上的老皮、翘皮，减少虫口基数。对蚧壳虫点片发生比较严重的枝干，可用硬毛刷、细钢丝、刮刀或小铲等刷刮越冬若虫、卵囊等（图167），降低虫口数，并用泥浆涂干，保护树干免受病菌侵染。刷下的蚧壳及老皮要集中烧毁。若虫活动期是化学防治的关键期，春季若虫上树前，可刮除树干基部粗皮并涂抹30~50 cm隔离带，定期涂抹废机油或蚧敌乳油，或涂粘虫胶带阻止若虫上树。在软枣猕猴桃树早春发芽前，可用3~5°波美度石硫合剂喷杀。生长季节，可用速扑杀、苦参碱、国光蚧必治等轮换用药喷杀。田间释放天敌（瓢虫、草蛉等）增加果园天敌种类及数量，也能达到控制害虫为害的目的。

6. 绿盲蝽

绿盲蝽以成虫、若虫的刺吸式口器为害软枣猕猴桃的幼芽、嫩叶、花蕾及幼果等。幼叶受害后，先出现红褐色或散生的黑色斑点，斑点随叶片生长变成不规则孔洞；花蕾被害后即停止发育而枯死；幼果被害后，先出现黑褐色水渍

图168 绿盲蝽为害状

状斑点，然后造成果面木栓化甚至僵化脱落，严重影响果的产量和质量（图168）。

防治措施为：在早春及时清除地边、果园、沟内的杂草，集中深埋或烧毁，防止越冬卵的孵化。根据绿盲蝽的生活习性，防治时要大面积集中用药，统一防治，喷药时间最好在傍晚，以取得较好的除治效果。萌芽期、展叶期用菊酯类、吡虫啉等药剂防治。利用成虫的趋光性，可在成虫发生期统一采用黑光灯诱杀成虫，以减少卵的基数。

7. 蓟马

蓟马以成虫和若虫锉吸植株新梢、叶片、花、果实等为害。嫩叶受害后叶片变薄，叶片中脉两侧出现灰白色或灰褐色条斑，表皮呈灰褐色，出现变形、卷曲，生长势变弱。蓟马锉吸果实汁液会造成果面木栓化，疤痕会随果实膨大而扩展，呈现不同形状的木栓化银白色或灰白色斑痕，形成“疤痕果”，严重时造成早期落叶、落果，严重影响果品产量和品质（图169）。在田间设置蓝色粘板可诱杀成虫；生长季可喷施吡虫啉、啶虫脒、甲维盐、噻虫嗪、阿维菌素等进行防治，根据蓟马昼伏夜出的特性，建议在下午用药。

8. 大青叶蝉

大青叶蝉别称青叶跳蝉、青叶蝉、大绿浮尘子等，为害多种植物的叶、茎。以卵在枝条或树木表皮下越冬。该虫常群集为害，幼虫叮吸枝叶的汁液，造成枝叶褪色、畸形、卷缩。秋季成虫在幼树基部或细枝条上产卵，形成月牙形伤口，使被害严重的枝条或树干上伤痕累累（图170），水分蒸发量增加，引起抽条或冻害，甚至植株枯死。幼树和果粮果菜间作的果园危害较重。大青叶

图169 蓟马造成下部部分叶片脱落

蝉还可传播病毒，通过人工清园减少越冬基数，在成虫产卵前树干和大枝基部涂刷石硫合剂阻止成虫产卵。成虫趋光性强，可用灯光大量诱杀。大量发生时可全园喷洒吡虫啉、功夫乳油等杀虫剂进行防治。

图170　大青叶蝉

9. 美国白蛾

美国白蛾是一种国际检疫性害虫，它的适应性强，食性较杂，繁殖量大，寄主数量多，传播途径广，危害极大（图171）。它能将植物叶片全部吃光，并啃食树皮，削弱果树的抗害、抗逆能力，严重影响果树生长，造成减产减收，甚至绝产。美国白蛾低龄幼虫在网幕内取食叶肉，表层叶肉被啃食，仅留下叶脉以及白色的膜状叶片。幼虫5龄以后开始抛弃网幕取食，进入暴食期，营个体分散生活，此时大量蚕食叶片，使叶片呈缺刻和孔洞状，严重时把树叶吃光。防治美国白蛾时，需要做到第一时间发现、第一时间现场除治，防止虫害扩散蔓延。在卵期可用人工摘除的方法，将带卵的叶片摘除，集中销毁、深埋处理。幼虫4龄前可人工剪除网幕并就地销毁。在成虫期利用美国白蛾成虫的趋光性，以黑光灯进行成虫诱杀，减少成虫交尾和产卵。在美国白蛾大发生时使用苏云金杆菌、核型多角体病毒、烟参碱、苦参碱、印楝素、杀铃脲、除虫脲、氟虫脲、虫酰肼、联苯菊酯、高效氯氟氰菊酯、高效氯氰菊酯、甲氰菊酯等进行灭杀。也可在果园释放其天敌周氏啮小蜂进行防治。

图171　美国白蛾

二、软枣猕猴桃主要病害有哪些？如何防治？

1. 白粉病

幼苗到结果树均可发病。一般大树症状较常见，主要为害叶片。叶片正反两面均可产生白色粉状物，构成边缘不明显的粉斑，多见于背面，后期可布满整个叶片，严重时病叶萎缩、变褐、干枯，最后脱落（图172）。有的叶片正面无明显病状，有的叶片正面形成黄绿色不规则病斑病菌随落叶等病残体在田间越冬，第二年在适宜条件下产生子囊孢子或分生孢子等繁殖体，借气流和雨水传播。树势衰弱、树冠密闭、通风透光不良、土壤黏重、偏施氮肥、管理粗放的果园更易发病。

防治方法

防治方法：清洁果园，将病叶、枯梢等集中烧毁。萌芽前对树体喷洒3~4°波美度石硫合剂1~2次；生长季节，发病前、发病初期用有机硫类杀菌剂（代森锰锌、丙森锌等）、生物制剂（枯草芽孢杆菌、寡雄腐霉菌、哈茨木霉菌等）进行预防，发病后使用三唑类杀菌剂（苯醚甲环唑、氟硅唑、三唑酮、腈菌唑、四氟醚唑等）、进行治疗。喷洒要均匀，叶片的正、反面都要仔细喷洒，以防没有药液的地方发病。

2. 褐斑病

褐斑病主要为害幼嫩叶片，嫩叶刚展开即可受害。发病处初期为圆形或椭圆形，紫褐色，后期为褐色小圆斑，边缘深褐色，中央浅灰色，具明显轮纹，直径为5~10 mm，界线分明，严重时病斑可连成片，使叶片枯死、破裂脱落（图173）。该病全年都可发生，高温高湿的多雨炎热夏季扩展迅速，为害最重。

图172 白粉病

图173 褐斑病

防治方法

防治方法：及时清除病枝、病叶，集中烧毁或深埋，减少病菌来源。合理修剪，以利通风透光——不仅可以增强树势，还可减少病菌蔓延。施足基肥，避免偏施氮肥，增施磷、钾肥，适量施用硼肥。萌芽前，喷洒1次3~5°波美度石硫合剂防治，发病后喷施甲基托布津、大生M-45、代森锰锌、嘧菌酯、苯醚甲环唑、百菌清+多菌灵、百菌清+腐霉利等防治。

3. 茎基腐病

茎基腐病是目前对软枣猕猴桃危害比较严重的一种病害，主要为害软枣猕猴桃主蔓基部。一般从距地面10 cm左右茎蔓处开始发病，初期树皮表面症状不明显，切开皮层可见韧皮部组织变为褐色。褐色坏死区域逐渐向四周扩展，向深层扩展至形成层，并沿形成层进一步向上扩展，后扩展的病茎截面只有形成层变褐，而韧皮部颜色变化不明显；向下扩展至贴近地面部位即停止，一般不直接造成根部腐烂。随着病害发展，出现水渍状暗褐色斑块，随后病斑逐渐扩大，环树周一圈，有的会从芽眼或裂口处冒出红色液体，病部比健康部位略肿胀，用手扭动树皮，树皮立即与木质部脱离，韧皮组织呈红褐色湿滑状腐烂（图174）。一般幼树发病较多、较重，11月和翌年3~4月发病较集中。发病后如将地上部病蔓及时剪去，根部可重新萌发出新的粗壮枝条，也可通过桥接进行救治。地势低洼、土壤黏重地块发病重。

图174　茎基腐病

冬季冻害以及病原菌感染是导致茎基腐的主要因素。茎基腐病的防治要从加强田间管理工作做起，确保土壤疏松透气，雨季能排水，在高温干旱时能灌溉；进行合理修剪，避免密闭，使植株生长健壮不徒长；冬季进行树干涂白，彻底清园，减少菌源。可喷多菌灵、扑海因、辛菌胺醋酸盐、甲霜灵、噁霉灵等进行保护，喷药时应着重对茎基部喷洒。

4. 灰霉病

灰霉病主要为害叶片、花和果实，常通过残花败叶染病后脱落至叶片和果实上造成侵染。花受侵染后，初呈水渍状，后逐渐变褐，然后组织腐烂脱落；幼果发病从与残花接触部位开始腐烂，进而造成落果；叶片发病常从叶尖叶缘开始，病斑水渍状，呈半圆形或“V”形褐色坏死。带病菌的残花如附着在叶片上，极易形成以附着点为中心的褐色轮纹状病斑。早期果实腐烂现象不常见，但贮藏期常很快发病。湿度大时，发病后期各发病部位表面均可产生大量灰色霉层（图175）。持续高湿、阳光不足、通风不良、低温高湿条件下易发病且重，湿气滞留时间越长发病越重。

病菌在果、叶和花等病残体、土壤中越冬。开花末期通过雨水、空气传播，从伤口、皮孔侵入，症状不明显，产生灰色后转为大量褐色分生孢子。坐果后，在残留的花瓣上产生菌丝体并蔓延到果实。果实在冷库贮藏数周即发现病害，由果梗基部向果实发展，受害部位呈水渍状。颜色明亮，较健康部位稍深，被侵染的果肉先为乳白色后转为灰色，茸毛状的菌丝体逐渐靠近并相互感染。

防治方法

及时清园，减少侵染源，加强果园管理，增强植株抗性。在开花晚期和果实采收前2周喷洒多菌灵、百菌清、硫菌灵、扑海因等药剂预防。

5. 花腐病

花腐病主要为害花和幼果。首先使花瓣变褐腐烂，在花萼上出现下凹斑块，花蕾膨大，花瓣呈橙黄色，然后使雄蕊变为黑褐色，雌花的花药、花丝、花柱染病后不能发育而腐烂，花蕾不能开放，终至脱落（图176）。病菌可从花瓣扩展到幼果上，引起幼果变褐萎缩，易脱落。受危害不严重的花也能开放，但较正常花晚。雄花的发病率较低。

病原菌普遍存在于叶芽、叶片、花蕾和花瓣的残体中，随风和人为活动传播，在土壤中越冬，发病常受当年气候影响。花期温度偏低，遇雨或园内湿度大时，此病发生较重。在自然传播中，雨水是主要传播途径，现蕾至开花期雨水较多，发病就严重。

图175　灰霉病

图176　花腐病

防治方法

改善架面通风透光条件，加强园地肥水管理，摘除病蕾病花。萌芽前喷5°波美度的石硫合剂；萌芽至花期喷农用链霉素、腐霉利、嘧霉胺防治。

6. 根腐病

猕猴桃根腐病能造成根颈部和根系腐烂，严重时整株死亡。绝大部分病株是由于施肥与灌水不当，造成根系活力下降，从而受病菌侵染所致。地势低洼，排水不良，土壤黏重，尤其是雨季积水地块发病严重，高温高湿条件下病害扩展流行迅速。

根腐病病菌可从伤口或者根颈部侵入，然后沿主根和主干扩展。侵入初期皮层出现暗褐色水渍状病斑，逐渐扩大后皮层变黑，轻者须根长势弱，重者导致整个根系褐色腐烂。地上部表现为植株生长减弱、叶片卷曲、变小，严重者叶片萎蔫，逐渐黄化、脱落，部分枝条干枯乃至整株萎蔫枯死（图177）。

防治方法

选择通透性良好的地段建园，建园时挖好排水沟。黏土地园要深耕、掺沙改土。定植不宜过深，施充分腐熟的有机肥。将土壤中残留根系、树桩集中烧毁。可用甲基硫菌灵、代森锰锌、甲霜灵·锰锌进行树盘灌根。

图177　根腐病

三、软枣猕猴桃主要地下害虫有哪些？如何防治？

1. 蛴螬

蛴螬是金龟子幼虫的总称，又名白地蚕，体形弯曲呈“C”状，多为白色，少数为黄白色。蛴螬在各地普遍发生，是多食性害虫，为害多种作物。蛴螬在土壤中以新鲜或者死亡的植物根系和组织及未腐熟的有机肥为食。近年来软枣猕猴桃园中普遍进行秸秆覆盖和增施有机肥等为蛴螬提供了丰富的食物源，使其成为软枣猕猴桃栽培中危害比较严重的一类地下害虫。蛴螬主要啃食软枣猕猴桃的根系（图178）、茎基部皮层，使大量树根受伤和死亡，啃食一周或大部分时，植株地上部会因水分养分供应不足而出现缺水、缺素症状，树体叶片黄化，长势变弱，新梢枯死，直接影响产量和品质。在此之前很难发现其为害，如果防治不及时很容易死树造成果园严重缺株。蛴螬成虫(金龟子)对软枣猕猴桃的芽、叶、花、蕾、幼果及嫩梢等也会造成一些危害。其防治方法如下：

图178　蛴螬为害根系

（1）农业防治

冬春季结合清园对果树行间进行耕翻，可将部分成、幼虫翻至地表，使其风干、冻死或被天敌捕食，防治效果明显。有机肥施用前应经高温充分腐熟，杀死其中病原菌、虫卵和杂草种子，防止招引成虫飞入田块产卵，以有效减少蛴螬来源。适时对软枣猕猴桃进行修剪，清理园区，减少蛴螬的越冬场所。

（2）物理防治

一是采用杀虫灯诱杀。在蛴螬成虫发生为害期，利用成虫的趋光性，每15~20亩果园安放1盏频振式杀虫灯诱杀成虫，杀虫灯上安装接虫袋或在灯下放置水桶收集虫体，带出园外集中处理。二是用糖醋液(红糖1份，醋2份，白酒0.4份，敌百虫0.1份，水10份)诱杀。在园内设置糖醋液诱杀盆进行诱杀。下雨时注意遮盖避雨。三是人工捕杀。利用蛴螬成虫假死习性，于成虫发生盛期傍晚在树下铺塑料膜，振动树体，待金龟子振落在塑料膜上后迅速收集，集中消灭。

（3）药剂防治

药剂防治最好集中时间大面积统一进行，以提高防治效果。在蛴螬卵期或幼虫期，每亩用蛴螬专用型白僵菌杀虫剂1.5~2 kg与15~ 25 kg细土拌匀，在植株根部土表开沟施药并盖土，施药后随即浇水，或者顺垄条施，施药后随即浅锄（能浇水更好）。此法高效、无毒无污染，以活菌体施入土壤，效果可延续到下一年。在蛴螬发生较重的田块，灌根是理想的方法，一般果园灌根1遍即可，发生很重的灌根2遍。从栽植口向下挖5~10 cm深的坑，用50%辛硫磷乳油1 000倍液或80%敌百虫可湿性粉剂800倍液灌根，药液下渗后封坑可杀死根系附近的幼虫。在成虫盛发期可在傍晚喷施10%吡虫啉可湿性粉剂1 500倍液或无公害农药印楝素、除虫菊素，每隔5~7天喷施一次。药剂防治时应做到不同类药剂交替使用并严格执行农药的安全使用标准，控制用药浓度及次数，注意安全间隔期，施药后要严格按照安全间隔期安排采摘，确保果品安全无害。

2. 地老虎

地老虎（图179）别称切根虫、夜盗虫，俗称地蚕、土蚕等，为夜蛾科昆虫，是我国分布最广、危害最重的地下害虫之一。其种类众多，繁衍能力较强，以幼虫在夜间活动为害。幼虫为害未出土和刚出土的猕猴桃幼苗，往往自地面咬断，如幼苗出土后主茎硬化，也咬食生长点和嫩根，影响植株正常生长或导致整株死亡。

（1）农业防治

清除田间及周围杂草，减少地老虎雌虫产卵的场所，减轻幼虫为害。在地

图179　地老虎

老虎产卵至孵化盛期，及时锄地中耕，可大大降低卵的孵化率。此外，还可用各种办法诱杀地老虎幼虫和成虫。

堆草诱捕法：傍晚将鲜草均匀地堆放在田间，每亩放80~100堆，每堆面积0.1 m^2，第二天清早翻开草堆，捕杀幼虫，连续5~7 d，即可将大部分幼虫杀死。草堆一般每隔3~4 d更换一次，日晒干枯后可泼一点清水，以提高诱捕效果。

（2）物理防治

黑光灯诱杀：地老虎成虫具有很强的趋光性，用黑光灯在晴朗、微风、无月光的夜晚诱杀，能收到很好的效果。

糖醋液诱杀：糖醋液配制方法为糖6份、醋3份、白酒1份、水10份、90%敌百虫1份，调配均匀；制成的诱液装入盆内，放在田间三脚架上，夜间诱杀成虫，白天将盆取回。每隔2~3 d补加1次诱杀液。某些发酵变酸的食物，如红薯、胡萝卜、烂水果等加入适量药剂，也可诱杀成虫。

毒饵诱杀法：取90%晶体敌百虫1 kg，先用少量热水溶解，再加水10 kg，均匀地喷洒在100 kg炒香的饼粉或麦麸上，拌匀后于傍晚顺垄撒在作物根部，每亩用5 kg左右，防治地老虎效果很好。

人工捕捉法：利用地老虎昼伏夜出的习性，清晨在被害作物周围的地面上，用小铁锹或小木棍挖出地老虎杀灭。

（3）化学防治

在地老虎1~3龄幼虫期，采用50%二嗪磷乳油2 000倍液、20%氰戊菊酯乳油1 500倍液等进行地表喷雾。

3. 蝼蛄

蝼蛄又名土狗。以成虫、若虫为害幼苗的根部和靠近地面的幼茎，被害部位呈不整齐的丝状残缺，常致幼苗枯死，同时还为害刚播下的种子。成虫、幼虫常在地表活动，钻成许多纵横交错的孔道，使幼苗根与土壤分离，经日晒后枯萎死亡（图180）。

图180　蝼蛄

防治方法

①清除杂草，深翻土地，结合灌溉，人工捕捉。②利用其趋光性，在夜晚活动盛期，进行灯光诱杀，电源方便的地方可大面积设置黑光灯诱杀。③有碾碎炒香的菜饼或花生等，拌以90%敌百虫500倍液，于傍晚撒于植株周围或地面诱杀。

四、软枣猕猴桃缺素症症状？怎样防治？

营养元素是果树生长发育、开花结果的物质基础，果树正常生长发育所必需的营养元素有16种，缺少其中任何1种就会出现特有的缺素症状，某些元素过多则会引起毒害（图181）。进行科学合理的缺素症诊断，依据诊断结果及时进行营养补充，可以有效防止潜在的缺素危害，保证果树的正常生长发育，提高果品产量和品质。

对于单一的营养缺乏，采用树体形态诊断方便、实用、高效，对于两种及多种营养素的缺乏，应结合其他诊断方法，做到综合判断，科学指导。矿质营养元素之间同时存在协同关系与拮抗关系，在施肥时应充分考虑营养元素之间的拮抗作用。在利用诊断结果进行具体的果园施肥推荐时，还应结合树龄、树势、土壤营养水平、环境条件等多种因素进行，并确定适宜的施肥量。

1. 氮

（1）缺氮症状

初期叶片从深绿色渐变为淡绿色，严重缺氮植株叶片均匀黄化，只有叶脉仍保持绿色，生长势衰弱。症状首先在老叶上出现，逐步向新叶扩展，然后蔓延到整个树体。老叶边缘焦枯黄化，橙黄色的日灼状焦枯首先从叶尖开始，并沿叶缘向叶基部扩展，坏死组织微向上弯曲。缺氮时果树生长缓慢，植株矮小，叶片叶绿素减少，果实变小。

在生长季节，软枣猕猴桃新梢基部叶片呈浅绿色表明树体明显缺氮，树体轻度缺氮时叶色变化不明显，而且许多因素都影响叶绿素的合成，仅靠观察叶色很难做出正确判断，应结合其他营养诊断方法综合诊断。

（2）缺氮的防治

健康猕猴桃新叶干物质含氮量为2.2%~2.8%，低于1.5%时出现缺氮症状。建园、定植及每年秋冬季果实收获后要施足基肥。猕猴桃在早春从萌芽到新梢加速生长期为树体大量需氮期，所需氮素主要来自外界吸收，所以基肥最好在休眠期结束前施入。土施氮肥，树体吸收快，有利于枝梢加粗、根系发育及花芽分化，第2年花期早、坐果率高。于5~7月份果树生长结实季节追施氮肥或人粪尿2~3次，或间隔7~8 d叶面喷布0.3%~0.5%尿素溶液2~3次，可促进坐果

- 不同部位的症状
  - 老组织
    - 不出现斑点
      - 新叶淡绿，老叶黄化，枯焦早衰 ……………… 缺氮
      - 茎叶暗绿或蓝紫红色，生育期延迟 …………… 缺磷
    - 出现斑点，脉间失绿
      - 叶尖边缘先枯焦并出现斑点，症状随生育期而加重，早衰 …………………………… 缺钾
      - 叶小，斑点可能在叶脉两侧出现，生育期推迟 ………………………………………… 缺锌
      - 主脉间明显失绿，有多种色彩斑点或斑块，但不宜出现组织坏死 ……………… 缺镁
  - 新生组织
    - 顶芽枯死
      - 茎叶柔软、发黄、枯焦、早衰 ……………………… 缺钙
      - 茎叶变粗、变脆、易干裂、开花结果不正常，生育期延迟 ……………………………… 缺硼
    - 顶芽不枯死
      - 新叶黄化，失绿均一，生育期推迟 ……………… 缺硫
      - 脉间失绿，出现斑点，组织易坏死 ……………… 缺锰
      - 幼叶萎焉，出现白色叶斑，果、穗发育不正常 ………………………………………………… 缺铜
      - 脉间失绿，发展至整叶淡黄或发白 ……………… 缺铁
      - 叶片生长畸形，斑点散布整个叶片 ……………… 缺钼

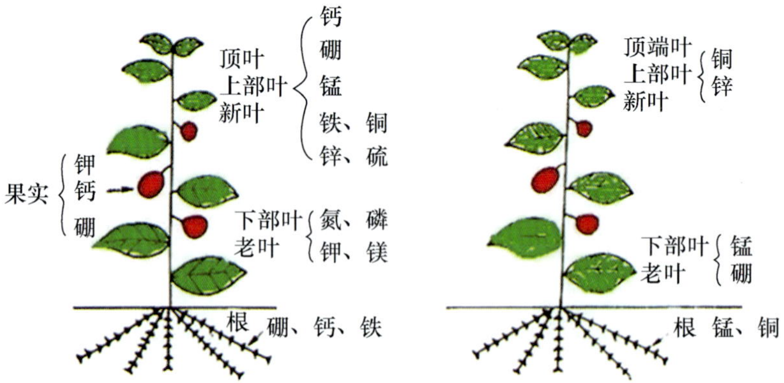

元素缺乏　　元素过剩

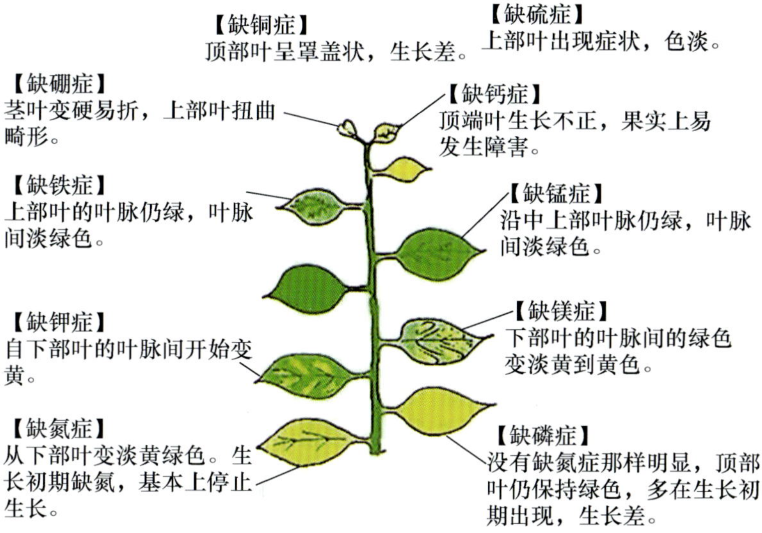

图181　缺素症诊断（引自天宝农业技术服务平台）

及果实发育。因此期是猕猴桃吸收氮素的高峰期，肥料中氮、磷、钾适宜比例为10 ∶ 8 ∶ 10或10 ∶ 6 ∶ 8。于7—9月果实膨大末期应追施以氮素为主的肥料1~2次，以确保果实和枝叶的正常生长，提高果实中氨基酸、蛋白质含量。也可叶面喷施0.3~0.5%尿素，0.1%~0.3%硝酸铵，0.5%~1.0%磷酸二铵。或种植绿肥，遵循猕猴桃养分吸收规律，在坐果前施用壮果肥，在果实膨大末期施用促梢肥。猕猴桃施肥最好撒施耕翻，可大大减少氮的挥发损失，避免硝态氮的淋失与反硝化作用，提高氮肥利用率。

过量施氮会加重褐腐病、黑痘病，延迟果实着色，产生厚皮，在生产中应注意。

2. 磷

（1）缺磷症状

缺磷时，猕猴桃果树地上部基本停止生长，植株生长受到抑制，枝条及茎干纤细瘦弱。根系长度增加，重量减轻，表面积降低，分支很少或基本不形成分支。叶片变小，变薄，形态异常，叶面积显著减少。同一片叶子，叶正面尤其是叶缘呈红褐色（犹如红葡萄酒色），叶背面的主脉、侧脉及中脉呈红色，向基部逐渐变深。老叶叶脉间褪绿，呈灰绿状。长期缺磷会产生不可逆变化，导致茎尖及叶芽相继死亡。

（2）缺磷的防治

健康叶含磷量为0.18%~0.22%，低于0.12%时表现缺磷症状。萌芽开花期、果实生长初期至迅速膨大末期（3月末至7月上旬），树体吸磷量超过全年总量的70%。为了避免树体养分不足，可在果实收获后于秋冬季施入含磷基肥满足植株第二年的生长需求。生产上可用过磷酸钙和10~15倍腐熟农家肥混合施入后浸灌作基肥，以提高磷素的吸收和利用，也可叶面喷施0.3~0.5%的磷酸二氢钾溶液或1%~3%过磷酸钙浸出液。还可开环沟将过磷酸钙、重过磷酸钙或磷酸二铵集中施在根侧。

3. 钾

（1）缺钾症状

软枣猕猴桃树体缺钾首发症状是在萌芽展叶时生长弱，新梢长势差。缺钾严重时光合作用受阻，叶片小，叶缘破碎，轻度褪绿，提早落叶，老叶叶缘轻微失绿。缺钾状况进一步发展，则叶片向上卷曲，呈浅黄绿色、萎蔫状。以上症状白天或中午温度高时明显，高温干旱时更为严重，随着晚上气温下降或雨水增多而逐渐消失（常被误认为缺水症），一般第二天又会出现。在生长后期，支脉间的叶肉组织向上部隆起，叶片组织从叶缘开始变干褪绿，由淡绿色渐变为深褐色，呈焦枯日灼状态，逐渐向脉间和侧脉扩展，果实成熟前落叶，植株大面积死亡，如同严重受旱。缺钾时花腐病发病率高达36%，果实数量减少，果实大小受到严重影响。缺钾还会扰乱叶片的代谢活动，对叶片光合作用的影响是全面降低植物生长的重要原因。猕猴桃树体缺钾症状与其他元素如镁、锰的缺乏症状不同，失绿组织与健康组织的界线时常模糊不清，呈扩散状，给诊断带来困难。

（2）缺钾的防治

与其他果树相比，猕猴桃对钾的需求量很高，为喜钾作物。幼龄期(l~4年生)不开花结果需钾较少，成年期(5年生以上)开花结果需钾较多。正常猕猴桃叶中含钾量常在1.8%以上，当叶含量低于1.5%时表现症状。据张林森等研究，陕西猕猴桃园中土壤钾含量在适宜范围的仅占13.3%，钾含量不足的果园占71.1%，钾肥供应不足成为制约我国猕猴桃产量及品质的主要因素。杂草对钾的竞争、降雨对钾的淋洗、花腐病的发生、根系吸收活性的下降都是造成树体田间缺钾的主要因素。为避免缺钾，应在萌芽期、坐果期、果实发育初期及果实迅速膨大末期（3月下旬到7月上旬）施用硫酸钾、硝酸钾、氯化钾其中一种（这一时期是猕猴桃吸收钾素的高峰期）。在萌芽期施用钾肥能显著提高果实硬度、维生素C含量，在果实膨大期施用钾肥有利于提高果实中可溶性固形物含量。春季或果实发育前期施用钾肥，可提高发育前期树体钾素水平，促进果皮发育，增加果皮厚度，增强果皮抵抗力。果实发育后期增施钾肥，有利于果肉生长和内容物的积累；但应注意此期施钾对减轻采前裂果作用不大，有时甚至会因过量降雨或灌溉，使果实大量吸收水分而剧烈膨胀，导致裂果。猕猴桃叶片钾素营养诊断表明，即使在土壤有效钾含量较高的情况下，叶片全钾含量仍较低。有报道认为土壤速效钾在120~240 mg/kg时仍需进行叶面喷肥，可叶面喷布0.3%~0.5%硫酸钾，0.2%~0.5%磷酸二氢钾及0.2%~0.3%草木灰浸出液。亦可在根系周围追施硫酸钾、氯化钾、草木灰浸出液等。相关研究发现，高浓度的钙可抑制钾的吸收，而低浓度的钙则促进钾素吸收。当树体缺钾时，应探明其钙营养水平，充分考虑钾和钙之间的密切关系，做到科学诊断，及时防治。另有研究表明，钾肥施用过量，容易导致缺锌，钾肥应少量多次施用，提高利用率，减少浪费。

4. 钙

（1）缺钙症状

猕猴桃对钙的需求高，叶片中钙的含量居所有元素之首（50%的钙储存于叶片中）；对缺钙反应不太敏感，当幼叶中含钙量低于0.12%时才表现症状。猕猴桃果树缺钙时，细胞壁形成受阻，细胞分裂速度下降，根尖、茎尖分生组织不能正常形成，整个树体的生长受到抑制，导致植株矮小弱化。如枝梢生长点死亡，腋芽萌发后呈丛生状。叶片基部失绿，色淡发黄，边缘向上卷曲，叶肉坏死。缺素初期，叶基部叶脉变黑坏死，后期细脉也坏死。扩大的坏死组织形成坏死斑块并干枯，继而叶片破烂，变脆脱落。缺钙症状首先表现在成熟的老叶上，并逐步向幼叶扩展。缺钙还会影响根系的发育，缺钙严重时，根尖大面积死亡，导致根吸收能力降低，并且患病几率增大。

（2）缺钙的防治

软枣猕猴桃健康叶钙含量通常为3.0%~3.5%，幼叶中钙含量低于0.2%时才表现症状。果实生长发育的初期阶段对钙的需要量较多，于盛花后及果实膨大期前喷施300 mg/L醋酸钙及300 mg/L碳酸钙，可促进果实发育及果实品质的形成，其中醋酸钙效果优于碳酸钙。为了提高果实的贮藏性，可以考虑在营养期喷施叶面钙肥，在果实生长期叶面喷钙同时结合锌、铜、硼肥，可促进果实对钙的吸收效率。

5. 镁

（1）缺镁症状

猕猴桃果树缺镁状况比较普遍，而症状多出现在生长中晚期，一般在4月份以后才表现出来。缺镁症状多发生于老叶，出现在当年枝梢的老叶上。老叶脉间褪绿呈浅黄绿色，有褪缘带出现，叶缘较为明显，叶肉成为淡黄绿色。症状自叶缘开始，由侧脉向中脉扩展，叶基部和主、侧脉两侧留下相对较宽的绿色健康带状部分。初期缺素不会导致叶片组织坏死，但随缺镁程度的加剧，叶片褪绿部分枯萎，叶缘或叶脉组织坏死，严重者全株黄化。有时失绿区和坏死区离叶缘有一段距离，叶缘仍保持健康绿色，坏死区与叶缘平行呈“马蹄”形分布，缺素部分及健康部分界限明显。若发生在幼嫩叶上，则叶片向内侧凹陷，一部分叶片边缘坏死。

（2）缺镁的防治

健康猕猴桃叶中镁含量大于0.38%，新成熟叶片中含量低于0.10%表现缺素症状。纠正缺镁，可追施钙镁磷肥、硅镁肥、硫酸镁肥，或叶面喷施含镁微肥2~3次，每7~10 d喷一次，也可叶面喷施0.2%~0.3%硫酸镁。每亩成年猕猴桃林施用8~14 kg的镁，可防止中等及严重程度缺镁症的发生。抓住树体需肥的关键时期施肥，不仅施肥效果好，还能显著降低施肥量。

6. 铁

（1）缺铁症状

铁是叶绿素合成的必需元素，植物缺铁的主要表现是叶片失绿，光合作用、呼吸作用及代谢作用受阻，严重时可导致果树死亡。猕猴桃缺铁的症状多发生于幼叶，表现为嫩叶失绿，叶脉间由淡黄色到黄白色褪绿甚至苍白色，继而完全失绿；老叶常保持正常绿色。猕猴桃叶片较大，铁在叶片内移动慢，缺铁较轻时，失绿常在叶缘发生，叶片边缘黄化，而叶基部保持健康绿色，不会导致叶组织坏死。严重缺铁时整叶变黄变薄，干枯坏死，叶脉失绿产生坏死组织，甚至整枝干枯死亡，影响树体生长和果实发育——植株矮小，果实变小变硬，果皮变粗糙。在碱性土壤中还易发生缺铁性黄化病。

（2）缺铁的防治

健康猕猴桃叶片中铁含量为80~100 ug/g干物质，当含量低于60 ug/g干物质时即表现缺素症状。纠正缺铁，可施$FeSO_4$、S、$Al_2(SO_4)_3$，也可在10~15倍的有机肥中加入硫酸亚铁等铁制剂作基肥或早期追肥防治。5月下旬至6月上旬，叶面喷施硫酸亚铁350倍液或0.5%硫酸亚铁水溶液，改变养分吸收的途径，可减缓缺素危害，喷洒时间在下午6点以后为好。幼叶期叶面喷施6 000倍顶绿，可防治缺铁性黄化病。有研究表明于萌芽期株施45 g叶绿灵对矫治猕猴桃叶片失绿黄化效果显著，可一直维持到当年落叶。于树体生长的不同时期叶面喷施柠檬酸铁和复合氨基酸铁，喷施后叶片复绿，可同时增加果实中维生素C和可溶性固形物含量，改善果实品质。

7. 锰

（1）缺锰症状

缺锰首先在成熟叶片上表现症状，叶脉间褪色成淡黄色或淡黄绿色。严重缺锰时，症状可扩展到整个植株的所有叶片，使整株叶子全部褪绿。失绿先从叶缘开始，继而在主脉间扩展并向中脉推进，仅在脉两边留有一窄带状绿色健康组织区。当缺素进一步加重时，除叶脉外，整个叶肉都变黄，叶缘失绿，呈有光泽的蜡色。侧脉及主脉失绿，小叶脉间组织向上隆起，叶片大小不发生显著变化。

（2）缺锰的防治

适量的锰能保证猕猴桃各生理过程正常进行，猕猴桃缺锰时产量锐减。营养枝新成熟叶片含锰量低于30 ug/g干物质时即表现症状，叶片含50~150 ug/g干物质时受害状消除。在石灰使用过多的果园或中性偏碱的土壤中很易于发生锰的缺乏，此时可施用S、$Al_2(SO_4)_3$使无效锰释放出来，变为有效锰。或每亩施入0.5~1 kg氯化锰或硫酸锰，也可在生长期树冠喷布0.2%~0.3%的硫酸锰溶液2~3次，喷肥时宜加入等量的石灰，以防止发生肥害。果实对锰的吸收大部分发生在果实生长发育的初期阶段，在施肥时应注意时间的选择。

8. 锌

（1）缺锌症状

缺锌时植株的生长素合成受阻，叶绿素含量降低，会出现黄化病。缺锌症状通常出现在猕猴桃生长中期，首先表现在老叶上。缺锌时老叶叶肉和脉间褪绿呈亮黄色，而叶脉保持深绿色，叶缘失绿比较明显。缺素部分与健康部分分界明显，并不产生坏死斑，有时顶端叶片生长成簇状。缺锌时新梢幼嫩部分生长受阻，出现小叶症。严重缺锌时可明显影响侧根发育。

（2）缺锌的防治

猕猴桃正常叶片中锌含量为15~18 ug/g干物质，当含量低于12 ug/g干物质时则表现症状。过多施用磷会造成缺锌，可于早春萌芽前施用硫酸锌或叶面喷

0.1%~0.2%硫酸锌防治。矫正措施应及早进行，在展叶以前进行或展叶之后不久进行效果最佳。

9. 硼

（1）缺硼症状

缺硼症首发于幼嫩叶，受害嫩叶扭曲畸形，叶尖加厚，支脉间叶肉组织时常凸起。叶心处中脉附近出现不规则的小黄斑，黄斑沿中侧脉两边扩展，在中脉两侧连结成大面积黄斑，叶缘依然保持正常绿色。严重时，枝蔓生长受到影响，枝梢伸长受阻，短小，枝蔓肿大，树体矮化，生长点死亡，根不发达。猕猴桃属硼敏感果树，适量与毒害之间范围很小，叶中硼含量只要稍高于需要量即可对树体造成严重伤害。硼中毒先在老叶上出现，叶片脉间褪绿呈黄绿色，逐步扩展到嫩叶，受害叶向上或向下卷曲，呈细杆状。中毒严重时，脉间快速褪绿形成坏死斑块，斑块从支脉脉间延伸至中脉，在中脉处合并成大块坏死区域，坏死区域逐渐褪色，从褐色渐变为银灰，坏死组织变质易碎，导致脱落。

（2）缺硼的防治

一般情况下，正常叶片中硼含量为40~50 ug/g干物质，刚成熟叶片中硼含量低于20 ug/g干物质时即表现缺素症状。轻沙壤土及低有机质土壤易于缺硼，这类土壤以硼肥做基肥效果更佳。施用过量石灰可使硼的有效性下降，也易导致缺硼。一般猕猴桃缺硼发病率很低，因为果园每年因果实采摘和树体修剪损失的硼很少，降雨、灌溉、施肥等农技措施为土壤提供了充足的硼，可满足果树新稍生长和果实发育的需要。针对果园硼的缺乏，可于土壤中施硼砂进行矫正，或用0.2%~0.5%硼砂或硼酸进行叶面喷布，花期喷速乐硼或花蕾期喷硼砂0.1%~0.2%，土壤施用有效期更长。在施用时应注意控制硼的浓度。

10. 氯

（1）缺氯症状

缺氯症多见于老叶，嫩叶不受影响。叶片顶端和主侧脉间形成分散状失绿斑，叶缘呈连续带状失绿，老叶叶边向下反卷呈杯状。缺氯时根部不能正常生长，离根端2~3 cm处组织肿大并可集结成不规则根瘤，阻断养分吸收，使根系生长受阻。注意与根结线虫病区别。

（2）缺氯的防治

猕猴桃对氯的需求量较高，氯缺乏会影响生长发育，还影响钾的吸收。猕猴桃叶中氯含量一般为0.8%~2%，树体钾含量对氯含量影响较大，氯需要量依赖于树体内钾元素的状态，如钾供应充足，叶片内氯含量达到0.2%时树体可正常生长，中度缺钾（含量为0.1%）则叶中需较高浓度氯（0.6%）才能保证树体正常生长发育，表明叶片氯元素含量较低是由叶片中钾含量丰富所致。一般施用氯化钾满足猕猴桃对氯的需要。

11. 铜

（1）缺铜症状

缺铜症状初见于幼嫩未成熟的叶片，叶片失绿呈均匀一致的淡绿色。随后脉间失绿逐渐加重，只有主脉保持绿色，受害叶最终发展为漂白色，叶片失去韧性而质脆，易落叶。严重缺铜时，结果枝生长点死亡变黑，萌芽率低。

（2）缺铜的防治

健康猕猴桃叶片中铜含量一般为10 ug/g干物质，低于3 ug/g干物质时表现症状。缺铜时施硫酸铜最有效，可于萌芽前每公顷施入25 kg。因猕猴桃对铜盐特别敏感，应避免叶面喷施，尤其不能早期喷用。

12. 钼

猕猴桃对钼需要量极低，叶中钼含量低于0.01 ug/g干物质时仍能正常生长。正常的猕猴桃叶中钼含量非常低。尽管如此也应注意防止钼的缺乏，因为缺钼容易导致树体内硝酸盐的异常累积。

13. 硫

缺硫症状多发于幼叶。其症状与缺氮相似，如生长严重受阻，叶片呈淡黄绿色等。区别主要在于缺硫一般发生在幼叶上，老叶不受害，另外缺硫严重时叶脉也失绿。缺硫发病初期幼叶叶缘褪绿呈淡绿或黄色，并不断扩大，只在主侧脉连接处保留一块“楔形”的绿色，严重时幼叶全部失绿。正常猕猴桃叶中硫含量为0.25%~0.45%，当含量低于0.18%时表现缺硫症状。

第九章
Chapter 9

自然灾害的发生与预防

自然灾害是影响农业生产的重要因素，在自然灾害面前，只有提前做好预防工作，才能避免和减轻灾害的影响，减少损失。

一、冻害的表现是什么？怎样预防？

1. 冻害表现

软枣猕猴桃虽然属于耐寒树种，但在生产中也会出现冻害。冻害主要发生在树干和生长不充实的枝条，根系受冻较少。幼树抗寒性较成龄树差，容易遭受冻害，根茎部位较上部枝条容易受冻。轻微受冻时只表现髓部变色，中等冻害时木质部变色，严重冻害时韧皮部变褐腐烂与木质部分离，形成层受冻后失去恢复能力，造成整个枝条甚至全株死亡（图182）。

2. 冻害发生的原因

冻害的发生与果园的地势、土质、树势、品种、栽培方式及枝条成熟程度、低温条件、防护效果等相关。一般地势低洼、土壤黏重、排水不良的地块冻害较重，山地和丘陵受冻较轻。生长虚旺、结果过多、树势衰弱的植株容易发生冻害，雌株较雄株受冻严重。

3. 防止冻害的主要措施

采用抗寒性砧木进行高位嫁接，有利于提高植株抗寒性（图183）。加强树体保护，例如树干包稻草、涂白等，可大大减轻冻害的发生。秋季对新梢及时摘心，控制植株及时停止生长，增加树体的营养积累，能有效提高树体抗寒能力，减少冻害发生。此外，冬季及时摇落枝蔓上的积雪、采用设施栽培也都能有效防止冻害的发生。

图182　软枣猕猴桃冻害状

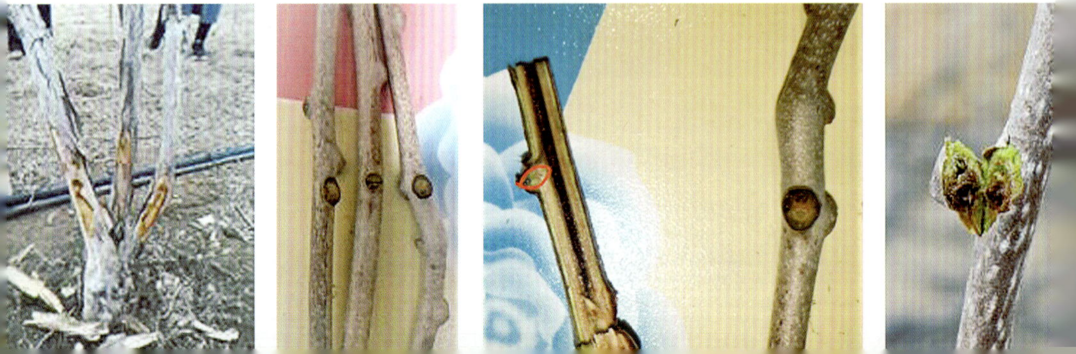

发生冻害后要及时进行修剪，合理回缩，剪除受冻的枝条，并对伤口涂抹或喷施保护剂进行防护。冻害发生后要做好病虫害防治工作，防止病菌入侵，并及时多次补充营养，精细管理，恢复树势。

图183　利用抗寒砧木高接提高抗寒性

二、霜冻有何危害？怎样预防？

软枣猕猴桃春季萌芽特别早，极易遭遇晚霜危害，轻者减产，重者绝收，对产业打击很大。因此，在春季科学准确地预报晚霜，及时采取有效的防霜措施，对确保软枣猕猴桃稳产有着重要意义。

1. 霜冻的危害

霜冻是指果树在生长期0℃或0℃以下引起果树幼嫩部分遭受伤害的现象。根据发生时期，霜冻分早霜冻和晚霜冻。早霜冻又叫秋霜冻，晚霜冻又叫春霜冻（又称倒春寒）。不同地区霜冻发生的时间早晚存在一定差异，同一地区霜冻时期基本稳定，个别年份略有差异，但一般变动幅度也在半个月之内，可为预防霜冻提供一定参考。

软枣猕猴桃春季萌芽较早，容易发生晚霜危害。晚霜主要对已经萌动的芽眼、新梢、枝叶、花蕾等幼嫩组织产生影响，受到霜冻的组织初期呈水烫状，逐渐萎蔫、变褐、干枯（图184）。一般架面下部较架面上部发生严重，谷地、平地较山地、丘陵地发生严重。霜冻较轻时，叶缘变褐，叶片卷曲不平，对产量

图184　软枣猕猴桃遭受晚霜危害状

产生一定影响，严重时新发枝条全部冻死，造成绝收，给生产带来巨大损失。

2. 霜冻的科学预报

准确预报霜冻发生时间是防治霜冻危害的前题，但是目前气象部门的天气预报范围太大，果园的立地条件又千差万别，下霜的时间也有早有迟，因此不可能准确预报到每一个果园。为此，可应用便携式农用防霜自动报警仪（图185）。将报警仪安装在距地面1 m高处，接通220 V交流电源，或配置一个12 V的直流蓄电池，将报警仪的温度传感器面向西北方向，报警的温度设置在-1.5 ℃，当现场温度降至-1.4 ℃时，报警仪会自动发出报警声或提示关联的手机，提醒人员采取防霜措施。

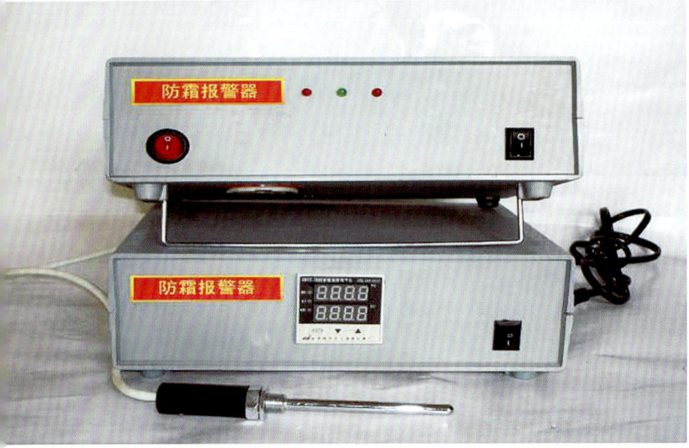

图185　便携式农用防霜自动报警仪

3. 预防措施

（1）园址选择要科学

软枣猕猴桃建园应选择能避开晚霜和冷空气沉积的园址。无霜期短的地区应选择果实发育期短、成熟早、枝条容易成熟的品种。

（2）冷棚防霜法

近年来，软枣猕猴桃种植户尝试在露地园区植株上加扣冷棚的办法，有效地解决了晚霜冻害的问题。

（3）熏烟法

①传统的熏烟法：这种方法简便易行且成本低。用秸秆、柴草、锯末等能生产大量烟雾的物质点燃发烟，要求烟堆高1 m左右，每亩设烟堆6~10个，在进风处可多放几堆，以便让烟雾笼罩全园。此法可提高1~2 ℃园内气温，在霜冻不太严重的情况下效果良好。

②烟幕弹熏烟法：用发烟物质配制成烟幕弹(按重量比配方为硝氨：柴油：锯末＝3∶1∶6)，每个牛皮纸的烟幕弹重1.5 kg，点燃后能发烟15 min，可笼罩0.2~0.25 hm^2果园，或将上述发烟物质紧密装在编织袋中，点燃后能明显延长

发烟时间，并且移动方便。

③锯末土地炉熏烟法：锯末、硝氨、废柴油、粉碎煤按5:3:1:1的比例混合均匀，然后装到编织袋内备用。如果没有硝氨，可适当加大废柴油和粉碎煤的使用量。土地炉由三层砖堆砌。第一层竖放4块砖，留4个通风孔；第二层和第三层横放5块砖，砌成圆形，不留孔。然后用土泥抹缝。一个土地炉共用14块砖。每亩建造4~5个土地炉，将配制好的锯末烟雾剂放进土地炉中。在防霜报警器发出报警信号时，及时点燃，进行升温。烟雾迅速布满全园后，可提高园内温度2~3℃。

④蜂窝煤简易炉增温法：将三块砖按三角形方位摆在地上，把耐火土蜂窝煤放在砖上，然后放入三块蜂窝煤（亦可自制）。每亩建造20~25个蜂窝煤简易炉，于晚霜冻发生时点燃，然后用土将蜂窝煤简易炉底部砖块留的风口埋上。在防霜报警器发出报警信号时，及时把蜂窝煤简易炉底部的风口扒开，进行升温。蜂窝煤简易炉燃烧后，烟雾迅速布满全园，可提高园内温度2~3 ℃。

⑤智能型防霜冻烟雾发生器：这是一款智能型霜冻自然灾害防御设备（图186），它可根据植物各个生长期不同的生理耐寒温度，利用自控装置设定的温度参数时时监测环境温度的变化，在低温霜冻来临时能及时准确地判断环境温度，瞬间自动引发烟雾体并产生大量烟雾，可将霜冻地湿冷空气变成水，并释放一定的热量，有效提升周围环境温度，从而化解霜冻对植物的危害，降低损失。智能型防霜冻烟雾发生器包含发烟筒和智能控制器，可连续发烟120 min以上，防御面积3亩左右，大面积群防群治效果可达4~5亩。

（4）吹风法

用自动防霜扇搅动空气防霜是目前

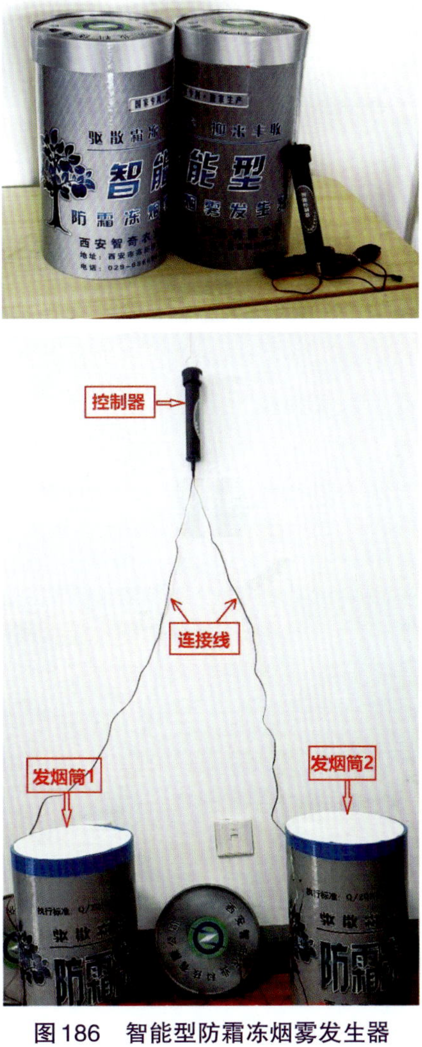

图186　智能型防霜冻烟雾发生器

发达国家防治霜冻的通用有效方法。在日本茶园防霜扇已经推广使用30多年，替代了传统的烟熏、覆盖、喷水等防霜措施，缺点是投入比较大。

（5）延迟萌芽或喷布防冻剂

春季萌芽前灌水或树盘覆草加灌水降低土温，能推迟萌芽3~5 d。在早春全树喷布8%~10%石灰水，可延迟萌芽3~4 d。当预报有冷空气入侵或晚霜发生的时候，提前3~6 d给果树灌水，可使近地面空气温度下降速度变慢，近地面增温3~5 ℃，形成气温较高的小气候。霜冻前及时植物生长调节剂、防冻剂、抗霜素、磷酸二氢钾+白砂糖等，能提高树体抗霜冻能力，起到防冻的作用。

三、大风对软枣猕猴桃有何危害？如何预防？

1. 大风的危害

大风灾害四季均有，对农业生产及人民生活都会造成很大的影响。春季大风天气常对新梢及叶片产生较大影响，造成新梢折断、叶片破损、花蕾脱落及病害发生等。花期大风天气容易使雌花柱头迅速失水干枯，影响昆虫活动和授粉受精，严重影响坐果率，并会形成大量畸形果。果实发育期大风使果实之间或者果实和枝叶互相摩擦，磨伤果皮，使果实表面形成疤痕，严重影响果实外观，降低果品等级，经济效益显著降低。果园搭架不科学时，严重风灾可导致果园架面坍塌（图187），一旦发生损失巨大。

图187　大风将软枣猕猴桃架吹倒

图188　防风林

图189　防风网

2. 防风措施

（1）选择合适地点建园

建园前应充分搜集、研究当地历史气象资料，选择合适园址。禁止在6级以上飓风频发地区建园。

（2）营建防风林，搭建防风网

在园区四周营建防风林（图188），可以降低风速，减少风灾造成的损失。防风林树种以乡土树种为宜，也可以在果园周围人工搭建防风网（图189）。

（3）科学设架

根据当地风害发生特点与经济实力合理选择与设计软枣猕猴桃架面，发展抗风害的架型，生产季节定期对架面保养与维护，出现问题及时解决，杜绝垮塌隐患。

四、冰雹对软枣猕猴桃有何危害？怎样预防？

1. 冰雹发生特点

大部分地区冰雹发生很少，而一旦发生则损失严重。

（1）发生区域特点

有些地区如山谷、河床等冰雹频繁发生，这样的地域称冰雹易发区或易发带，栽植软枣猕猴桃应注意冰雹的预防。

（2）发生时间特点

冰雹是雨季大气强对流作用的结果，夏季任何时候都可发生，因此生长季节日日都要预防，做到“警钟长鸣，常抓不懈”。冰雹的出现，有范围小、时

图 190　遭受冰雹后的软枣猕猴桃园

间短、区域性强等特点，一般难以做出准确的预报，目前主要依靠气象雷达跟踪，做出短时预报。民间也有很多对冰雹发生发展规律的总结，积累了不少预报冰雹的好经验。

（3）冰雹对软枣猕猴桃的危害

软枣猕猴桃的新梢、叶片、花、果实、枝干等都是受害对象（图 190）。冰雹对软枣猕猴桃的影响是轻者减产，带来不同程度的经济损失，重者绝收，同时也严重影响当年及下一年的树体发育，还有可能导致病虫害大发生等。

2. 预防措施

避免在多雹区栽植。在冰雹频发的地区，将防雹网与防鸟网结合设置于果园上方，是一个事半功倍的好方法（图 191）。防雹网主要有铅丝网与尼龙网两种。铅丝网开始投入的成本高，但以后每年折旧低；尼龙网开始投资略小，但折旧费高。目前我国部分产区常用的防雹网以尼龙网为主。

我国不少地区还开展了人工防雹，避免和减轻了冰雹灾害。人工防雹是采用人为的办法对一个地区上空可能产生冰雹的云层施加影响，使云中水汽不能发展成冰雹，或者使小冰粒在变成大的冰雹之前就降落到地面。通常，人工防雹是用高炮或火箭将装有碘化银的弹头发射到冰雹云的适当部位，以喷焰或爆炸的方式播撒碘化银，或用飞机播撒碘化银。

遭受雹灾后，要及时清理果园，对受伤严重的枝条进行修剪，加强肥水管理，及时进行病虫防治等。

图191　防雹网

图192　高温使软枣猕猴桃新梢萎焉

五、高温干旱对软枣猕猴桃有什么影响？怎样预防？

1. 高温干旱的危害

春季干旱时，新梢生长缓慢，枝短叶小。夏季当温度超过35℃时，作物体内酶活性降低，导致生理机能障碍。高温干旱时，新梢上部下垂萎蔫，严重时生长点枯死。叶片皱缩萎蔫反卷，叶缘枯萎、出现焦边，严重时局部或整个叶片变褐干枯脱落（图192）。果实生长缓慢，失水萎蔫。植株生长发育缓慢，产量下降，甚至影响来年生产。高温干旱还容易引起蚜虫、红蜘蛛等大量发生。

2. 高温干旱的预防

根据天气情况，高温暴晒的时候，给果园多灌几次水，降低果园温度，增加土壤和空气相对湿度，可减轻高温暴晒的危害。此外，应大力推广果园种草技术，提高土壤有机质含量，增施有机肥，提高植株抗逆性，改善果园小气候环境。高温干旱灾害发生后，要加强植株管理，做好防治病虫害工作。

六、为什么会发生日灼？有何危害？怎样预防？

1. 日灼的危害

夏季，在强烈日光直射时，果树常会出现日灼。日灼发生于阳光照射部位，主要危害果实，其次是叶片和枝蔓。日灼6—9月均可发病，7—8月为发生高峰期。叶幕未形成的新建果园发生严重，树势弱者发病重，追肥过量或追肥位置靠树根过近会加重发病。果实日灼后，阳面果皮变为褐色或者银灰色（图193），

图193　软枣猕猴桃果实日灼

图194　软枣猕猴桃下垂结果

果肉变软，继而凹陷、硬化，从而丧失商品价值。叶片日灼后，叶脉间或叶缘向内部位形成较规则对称的白色或银灰色斑块，光合能力降低。枝蔓日灼常在南侧或西南侧向阳面，出现树皮受伤状，皮层局部坏死，主干干裂，呈纵向开裂。

2. 日灼的原因

光照与日灼病的发生关系密切，光照越强发生越严重。从果实着生位置来看，向光面位重，而非向光面位轻。主干和枝蔓发生日灼，主要是植株向阳面白天在阳光直射下气温升高快，夜间气温下降，昼夜温差大，如此冷热交替反复，主干组织内外张力不均，以致树皮组织受伤，皮层局部死亡，造成局部开裂并坏死。日灼病的发生也与土壤管理状况有密切的关系，一般来讲，地面无植被的果园比有植被的果园日灼发生重，地表干旱的比湿润的发生重。

3. 预防措施

生产中的架式设计、树形选择及叶幕管理等应注意避免强光直射果实和枝蔓。如按适当的叶果比修剪树体，避免架面过于透光；采用下垂结果方式（图194），避免果实直接暴晒在阳光下。夏季持续高温天气和干旱少雨时，应加强灌溉，补充树体蒸腾散失的水分，同时改善果园小气候。还可地面覆盖或果园生草，减轻地面对光热的反射，降低果园温度；给果园遮阳，用遮阳网遮盖。

搭遮盖物应在夏秋高温来临之前开始。搭得过早，果园日照时数少，春、夏梢叶片光合产物积累不足，果实品质差，同时夏季降雨会加大果园湿度，导致病菌发生，树势旺而不壮。搭遮盖物过晚则失去了遮盖意义，搭遮盖物可选择遮光率为25%~30%的遮阳网，小于25%遮光效果差，大于30%影响果实品质和芽的分化。透光率大小，依果园气温高低和日照时数多少而定，日照长而阳光强的果园宜选择透光率低的遮阳网，相反，透光率宜高。搭盖方法一般有两种。一种是在小棚架和“T”形架的园采用塔式方法：先在竖行两头架杆上绑立一根高出架面1 m高的树(竹)杆，每隔10 m立1根；再用8号铁丝顺树行牵拉在1 m高的树干上；然后在树行两边靠边铁丝上用竹片搭拱，并将拱脊绑在铁丝上；最后将遮阳网铺在拱上，同时每隔6 m距离将遮阳网网边固定在树行两边铁丝上。一种是在大棚架园采用平行式方法：先在果园每根架杆上绑立1 m高的树(竹或铁)杆，再将遮阳网铺拉在树干上，并将遮阳网固定在1 m高的树干上。或在建园搭架时加长1 m高的架杆，拉线，将遮阳网铺在拉线上。

七、涝灾对果园有何影响？预防措施有哪些？

1. 涝灾危害

软枣猕猴桃怕涝，夏秋季暴雨和连阴雨最容易成灾。平地果园遇暴雨造成积水若不及时排除，会造成土壤墒情过高，通气不良，影响根系呼吸和对水分、养分的吸收，诱发根腐病，轻则部分根系死亡，植株生长衰弱、叶片黄化；重则叶片脱落甚至植株死亡（图195）。

图195　洪涝对软枣猕猴桃的影响

2. 预防措施

选择地下水位低的沙壤地建园，兴建水利设施，旱时及时灌溉，疏通排水沟渠，涝时及时排除积水，改善土壤通透性能，不让土壤过分黏重、渍水。

八、鸟对软枣猕猴桃有何危害？怎样预防？

软枣猕猴桃果实味美、多汁，容易吸引鸟类啄食，对果园造成一定的损失。对鸟害进行科学、有效地防治已成为一个迫切需要解决的问题。

图196　鸟害

1. 发生与危害

近年来，随着人们生态环境保护意识的增强，退耕还林等措施使森林面积增加，捕鸟行为减少，鸟类数量急剧增加，一些鸟类已成为果园重要的防治对象。对软枣猕猴桃造成危害的鸟类主要有喜鹊、灰喜鹊、麻雀、乌鸦、大山雀等。鸟类为害果实，部分原因在于农药的大量使用控制了田间昆虫的数量，鸟类的食物来源减少，迫使一些鸟类啄食果园里的果实。鸟类在啄食果实时会抖动树枝而使其他果实掉落，被啄食的果实伤口还会因腐生真菌的侵染而造成烂果，影响水果品质和价值（图196）。

2. 驱鸟

驱鸟的方法较多，但应综合利用，避免驱鸟方法固定化，以防鸟类对之产生适应。

（1）人工驱鸟

鸟类在清晨、中午、黄昏三个时段为害果实较严重，果农可在提前到达果园，及时把来鸟驱赶到园外；被赶出园外的害鸟还可能再回来，因此15 min后应再检查、驱赶1次，每个时段一般需驱赶3~5次。

（2）声音驱鸟

将鞭炮声、鹰叫声、敲打声、鸟的惊叫声等用录音机录下来，不定时地大音量播放，以随时驱散园中的散鸟。设施应放置在果园的周边和鸟类的入口处，以利用风向和回声增大声音防治的作用。

（3）置物驱鸟

在园中放置假人、假鹰，或在果园上空悬浮画有鹰、猫等图形的气球，可短期防止害鸟入侵。置物驱鸟最好和声音驱鸟结合起来，使鸟类产生恐惧，起到防治效果。同时使用这两种方法应及早进行，一般在鸟类开始啄食果实前防治，迫使一些鸟类迁移到其他地方筑巢觅食。

（4）烟雾和喷水驱鸟

在果园内或园边施放烟雾，可有效预防和驱散害鸟，但应注意不能靠近果树，以免烧伤枝叶和熏坏果树。有喷灌条件的果园，可结合灌溉和“暮喷”进行喷水驱鸟。

（5）彩条和闪光条驱鸟

彩条和闪光条是一些发亮的塑料条，挂在果园上空会随风舞动，而且可以反射太阳光。鸟从高空往下看，整个果园好像在晃动。可以把彩条或废旧光盘挂在果园四周鸟害比较严重的地方，或者其他需要特别照看的位置。

3. 化学防治

化学防治是在果实上喷洒鸟类不愿啄食或啄食后感觉不舒服的生化物质，迫使鸟类到其他地方觅食，达到驱鸟的目的。氨茴酸甲酯（邻氨基苯甲酸甲酯）是一种可以在众多农作物上使用的化学驱逐剂。

采取单一的措施，害鸟很容易产生适应性，在进行害鸟防治时，应根据具体情况制定出适合自己果园鸟害防治的措施，同时防治方法要灵活，在某种方法失效时尽快地更改策略，以达到最好的防治效果。

九、除草剂对软枣猕猴桃有哪些危害？怎样预防？

1. 危害特点

为了提高工作效率，在农作物生产管理中除草剂得到了广泛的使用，但近年来发现除草剂2, 4-D丁酯对软枣猕猴桃危害异常严重。危害首先表现在新梢卷皱，叶片畸形，新梢枯死等；其次树体严重衰弱，连续遭到2, 4-D丁酯污染，树体将死亡（图197）。我国东北是玉米主产区，玉米田除草剂中含有的2, 4-D丁酯对小规模的软枣猕猴桃产区形成了致命伤害，导致一些地区不得不由露地栽植转入棚室栽植，依靠棚室来抵御

图197　除草剂可致软枣猕猴桃树体衰弱

外来气体的污染。

2. 预防措施

避免在使用除草剂2, 4-D丁酯使用地区建园。如果要坚持发展，应做好周边除草剂使用协调工作，避免使用2, 4-D丁酯。

一旦发生除草剂药害，应在受污染4 h之内喷布清水清洗除草剂，14 h之内喷布天达2116、碧护生物助长剂、芸薹素内酯或云大120进行挽救。同时加强田间土肥管理，追施氮、磷、钾肥，最好追施生物有机复合肥，灌一次透水，增强树势。

第十章

Chapter 10

软枣猕猴桃设施栽培关键技术

一、软枣猕猴桃设施栽培的优势有哪些？发展设施栽培应注意哪些事项？

1. 软枣猕猴桃设施栽培的优势

（1）环境可控

设施栽培可以通过各种措施，有效地调控软枣猕猴桃生长发育所需要的各种生态环境因素，为植株的生长发育提供最适宜的温度、湿度、水分、光照、气体等，避免不良自然因素对软枣猕猴桃生长产生影响，促进软枣猕猴桃健康生长。

（2）熟期可调

在设施栽培条件下，结合先进的栽培技术，人为控制植株的萌芽、开花时期，可实现对果实成熟期的调控。通过不同的设施栽培模式，可使果实提早成熟或者延迟成熟，延长鲜果市场供应期，同时可以降低因露地栽培集中上市带来的市场波动，保证果农收入稳定，对于稳定市场有很大的益处。

（3）种植范围扩大

软枣猕猴桃虽然分布比较广、适应性比较强，但在我国许多地方由于气候原因，露地栽培仍然存在许多问题（如冻害、倒春寒、无霜期短等），大大限制了软枣猕猴桃产业的发展，而采用适宜的设施，能有效改善软枣猕猴桃的生长环境，从而扩大软枣猕猴桃的种植范围。例如：在我国的一些地区，由于冬季寒冷漫长，无霜期比较短，露地栽培时有些优良品种不能完全成熟，通过设施栽培不仅可以解决冻害的影响，而且可以延长无霜期，使之能够正常成熟。在多雨地区，露地栽培病虫害发生严重，果实品质较差，可以通过避雨栽培改善情况。

（4）早果丰产

设施内栽植时可提早定植，增加植株栽植当年生长量，从而加速其整形过程。通过一定的技术措施，促进当年枝条的成熟及花芽分化，管理较好的果树第二年即可结果，在密植条件下第3~4年就可以达到丰产的要求，从而实现早结果早丰产。

（5）病虫害减少

由于设施栽培环境相对密闭，软枣猕猴桃的叶片和果实不直接接触雨水，减少了病虫害的发生，既节省了农药投资，又能保护好果面，使之不受泥土和尘埃污染，利于生产无公害、绿色、有机果品。同时设施栽培还能减少由于刮风造成的落果及果面摩擦，提高果实商品率和品质。

（6）效益可观

设施栽培时可利用产期调节技术分时分段供应市场，在淡季供应市场，价格是旺季的几倍。同时设施栽培可采取立体化栽培方式，在有限的空间内充分利用土地资源，进行软枣猕猴桃与蔬菜、花卉、食用菌等经济作物的合理间作，创造出更高的经济效益，提高果农收入。

2. 发展设施栽培应注意的事项

（1）明确市场定位

软枣猕猴桃人工栽培起步较晚，到目前为止栽培面积和鲜果产量都较少，市场很少见到软枣猕猴桃鲜果销售，因而价格较高。软枣猕猴桃的设施栽培刚刚起步，其果实成熟期一般可提前2个月，鲜果售价更高。因此在市场定位方面，主要针对中、高端消费市场，建议发展软枣猕猴桃设施栽培时充分考虑当地的消费能力。

（2）选择适宜的设施类型

我国幅员辽阔，不同地区间气候条件差异较大，经济发展水平不一，在发展设施栽培时应根据当地的气候条件、经济实力及栽培目的等选择适宜的设施类型，原则上以经济适用、性价比高、投入/产出高的类型为宜。

（3）规模化发展

软枣猕猴桃目前栽培面积较小，零星栽培或者单个农户发展往往无法形成规模，不利于商业化生产和销售。因此，在基地规划建设方面要按照商品化生产基地建设的要求进行设计，达到一定规模。

二、常见设施类型有哪些？

（一）促成栽培设施

促成栽培是指利用棚室（加温温室、日光温室、桥棚、冷棚、阴棚等），通过环境调控及栽培措施，使软枣猕猴桃提前萌芽生长，促使果实比露地提早成熟上市的设施栽培方式。根据不同地区条件及不同设施类型，设施栽培果实成熟期一般可较露地提早20~90 d，这段时期是软枣猕猴桃鲜果供应短缺季节，

图198　加温温室及加温设备

经济效益较好。促成栽培是我国北方地区设施栽培的主要方式，一般选择果实发育期比较短的极早熟、早熟品种，也有少部分采用品质好、市场认可度比较高的中、晚熟品种进行栽培。

1. 加温温室

温室具有墙体和覆盖保温材料，可以在冬季提供果树生长发育的条件，进行促成和延迟栽培，是北方地区果树棚室生产的主要棚室类型（图198）。加温温室配备采暖设施，可分为连续加温温室和间歇加温温室。加温温室适合在冬季特别寒冷的地区使用，可在最寒冷季节进行持续加温或者在极端天气进行临时短期加温。加温温室在满足植株最低需冷量的情况下即可开始升温，也可根据实际调控需要进行升温。

2. 日光温室

日光温室是我国特有的园艺设施类型，由后墙、后屋面、前屋面和保温覆盖物四部分组成，温室东西走向，不配备采暖设施，主要是利用太阳辐射热能，通过后墙体对太阳能吸收实现蓄放热，维持室内一定的温度水平，以满足作物生长的需要。日光温室是一种节能型温室，也是我国应用最广泛的设施类

图199　日光温室

图200　桥棚

型（图199），适合冬季寒冷的北方地区；但设施土地利用率不高，夏季通风比较困难。日光温室用于软枣猕猴桃促成栽培时，辽南地区一般在12月中旬开始升温，成熟期可较露地提早2~3个月，果实一般在5—6月份成熟。

3. 桥棚

桥棚（半冷式塑料大棚）结构类似塑料大棚，一般跨度为14~16 m，脊高3.5~4.5 m，长90~120 m，拱架多为钢架结构（图200）。与塑料大棚不同的是桥棚上配有保温被或草苫进行保温，顶部有桥梁，桥梁宽度1.2~1.6 m，两个坡面的保温被或草苫卷起后放置在棚顶。卷帘设备安装在棚顶的桥梁上或者两个坡面独立安装卷帘设备。棚体以南北走向为宜，棚头也可砌砖墙或土墙，增加保温效果。桥棚的保温效果介于日光温室和冷棚之间，用于软枣猕猴桃促成栽培时，可填补日光温室和冷棚果实成熟期的空档。由于没有后墙等的建设，桥棚较温室极大地提高了土地利用率。使用桥棚栽培时，辽南地区一般在1月中旬开始升温，果实成熟期可较露地提早1~2个月，一般在6—7月份成熟。

4. 冷棚

冷棚（图201）又称塑料大棚，跨度可达8~12 m，高度2.5~3.5 m，拱间距0.6~0.8 m。塑料大棚按照骨架结构可以分为竹木、混凝土和钢架结构三大类型。钢架结构大棚目前普遍采用装配式镀锌薄壁钢管骨架，棚体采用卡具和套管组装而成，使用寿命10~15年。冷棚可采取独栋或者连栋形式搭建。冷棚栽培软枣猕猴桃具有管理方便、设施建造成本低，效益较高等特点，果实成熟期可较露地提早15~20 d，一般在7—8月份成熟。

图201 冷棚

5. 阴、阳棚

阴、阳棚是我国在生产实践中总结探索出的一种特殊设施类型，是在传统日光温室大棚的北侧，借用（或共用）后墙，增加一个同长度但采光面朝北的一面坡棚室，与日光温室共同形成阴阳棚。采光面向阳的称为阳棚，配备保温被等，作为日光温室使用；采光面背阳的称为阴棚（图202），阴棚可根据需要配备保温被等作为温室使用，也可不配备保温被作为冷棚使用。

阴棚利用了传统日光温室背面的空地，提高了土地利用率。阴、阳棚相互依靠，阳棚后墙由于阴棚的保护，不直接面对风雪侵害，缩减了阳棚的热量流失，增强了阳棚的保温性能。在温度要求一样的前提下，修建时可减小阳棚后墙的厚度，降低温室建设的工程造价。阴棚接受阳棚的散热，覆盖外保温材料后，可提高阴棚内的温度。阴棚的采光和保温性较其他棚室差一些，但软枣猕猴桃具有耐低温、耐弱光的特性，适宜在阴棚栽植，实践也证明阴棚栽植软枣猕猴桃具有提早成熟、预防自然灾害、提高商品率和果实品质等效果。有保温被的阴棚最早可在2月上旬开始升温，没有保温被的阴棚可参照冷棚自然升温。阴棚栽培，果实成熟期可较露地提早15~30 d，一般在7—8月份成熟。

图202 阴、阳棚

（二）防灾设施

1. 避雨棚

避雨棚是介于塑料大棚栽培和露地栽培之间的一种类型，是设施栽培的特殊形式；它在软枣猕猴桃架杆、枝蔓上部利用竹片或钢管形成拱面，上覆盖薄膜，使雨水不能直接落在枝、叶、花、果上，减少或避免了雨水的影响，从而改变了软枣猕猴桃生长期叶幕层周围的小气候，保证了植株健壮生长。避雨棚在形式上可分为单栋避雨棚和连栋式避雨棚（图203）。单栋避雨棚具有设施简单、防病效果明显、投入产出率高等特点；水平棚架连栋避雨棚整体以长方形为佳，可防止设施中部形成热岛，同时应避免大面积连栋，防止因破坏性天气对生产造成毁灭性打击。

图203　避雨棚

在植株生长期降雨较多的地区，避雨栽培可以大大减少病害的发生，有利于生产优质无公害、绿色、有机果品，在保证果品安全、提高果品品质、防灾减灾等方面均有良好效果，是今后鲜果生产发展的方向之一。我国果树避雨栽培推广已有多年，伴随着避雨栽培产业的发展，避雨棚室也得到了改进与发展。避雨棚室材料由原来的竹木结构向钢架、镀锌管结构发展，形式上由单栋向连栋方向发展，一部分由开放式向封闭式过渡。

2. 防雹、防鸟设施

冰雹和鸟害会给农业生产带来巨大经济损失，软枣猕猴桃生产也不例外。设置防雹、防鸟网，是国内外果园防治冰雹和鸟害的有效措施之一。选择网眼大小适宜的防雹网，并将防雹网四周边缘向下垂落压向地面，将果园整体覆盖起来，可同时起到防雹与防鸟的双重作用。防雹网除了对雹灾、鸟害等有很好的预防作用外，还对强风、强光、低温冻害、暴雨等自然灾害有一定的防御作用，能大幅度降低经济损失，减灾效果显著。

搭建防雹网时应因地制宜，根据当地的环境、天气、风向等因素，在保

图204　简易防雹设施

证牢固、耐用的前提下，有针对性地选择适宜的搭建材料和搭建方式，合理搭配，降低搭建成本。果园较窄适宜采用水平型和单侧斜面型搭建方式，果园较宽可选择水平型和屋脊型搭建方式；有风区域适宜单侧斜面型和屋脊型搭建方式。目前采用屋脊型搭建方式的居多，不受风向影响，冰雹防护效果明显，冰雹滑落效果较好，在后期的使用过程中稳定性较好。安装防雹网最好在3月份，在北方雨季来临之前。

（1）简易安装法

只要把防雹网拉起来平整地铺在软枣猕猴桃架面上方即可。防雹网面与架面间距为50 cm，材料的颜色以白色为宜，2张网的连接部分和边角处用尼龙绳捆或缝结实，特别需要注意的是一定要把网拉得紧一些，这样它才能最有效地抵御冰雹的袭击。为防止风化和老化，延长使用年限，在果实采收后要及时收网，将网拉到一端捆绑或将网取下收回存放（图204）。

（2）规范安装法

软枣猕猴桃园架设防雹网使用的材料主要有3种，即立柱、网架、防雹网，辅助材料有架垫、铁丝、压网线等（图205）。

图205　规范防雹网安装

立柱选择：立柱是支撑网架和雹网的骨架，起支撑作用，必须具备坚固、耐用的特征，可用15年以上。可选用木杆、水泥柱和石柱三种材料。常用立柱有两种：老园中常通过在立柱基础上捆绑1根木杆改造而成，木杆应用硬杂木制做，能够承担网架、雹

图206　软枣猕猴桃园防风设施

网和冰雹的重量；新建园中常将水泥柱或石柱的长度增加60 cm直接形成防雹网立柱。

网架及架垫选择：网架材料要求耐用、延伸性好，生产上用φ 12钢丝或φ 8~10铁丝架设。架垫要求耐磨、耐老化，可用旧轮胎制作，规格15 cm × 10 cm。

防雹网选择：防雹网要求重量要轻，便于架设；耐用；价格便宜；对光照影响小。尼龙网因价格高而被淘汰；铁丝网由于钢铁连年涨价，投入成本大，已很少使用；现在生产上应用的防雹网以聚乙烯网为主。

3. 防风设施

在我国北方地区，软枣猕猴桃生产关键时期大风天气比较频繁，并且常伴有大幅降温、沙尘等，常常造成枝蔓折断、叶片破损、造成坐果率低、果面疤痕、落果等，对软枣猕猴桃生产造成了一定的影响。传统的风害防御措施以建设防风林带为主，通过林带减缓风力，减轻危害，但在生产中建设防风林带需要较长时间，难以快速发挥效果。在果园周围人工搭建防风设施可有效解决果园风害问题（图206）。

近年来用防风网搭建风障的方法起到了很好的防风效果。该方法具有成本低、建设速度快、防风效果好、容易拆除、使用寿命长等特点，可极大地减缓风速，将风害损失降低。防风网的网孔可通风，能有效防止风将风障吹倒。果实采收后将防风网取下收藏，一般可重复利用3年。

风障由支护结构和防风网组成。支护结构采用钢支架，支架首先要考虑给防风网提供足够的强度，抵御强风的破坏，其次考虑整体美观。防风网要求耐老化、强度高、阻燃性好。可选用聚乙烯尼龙纱网，四周须加厚、牢固，便于绑缚牵引。

风障的搭建方法：于果园周围，距果园2 m处设立固定高4 m~6 m的立柱，

图 207　实生苗培育遮阴

立柱间距6 m，立柱上端安装横梁，防止立柱弹性形变。为防止大风将风障吹倒，需要给立柱设斜支柱或拉锚线固定。防风网固定在立柱和横梁上，可根据实际防护距离调整防风网高度，有效防护距离一般为网高的10倍及以上。早春萌芽前将防风网固定于立柱和横梁上，果实采收完毕后将防风网及时收起。

4. 遮阳设施

遮阳网是近些年来推广的保护覆盖材料。目前，遮阳网栽培已成为农业防灾保护一项主要推广的技术措施。在夏季高光强的情况下，覆盖遮阳网可调节光强、降低温度，还可以防止暴雨的冲击、高温的危害、病虫害的传播。软枣猕猴桃在育苗过程中和幼树生长期进行适当的遮阴能促进幼苗生长，结果初期进行适当遮阴可以减轻果实日灼的发生。遮阳网要求具有抗拉力强、耐老化、耐腐蚀、质量轻等特点。

软枣猕猴桃实生苗培育过程中需要进行适当遮阳（图207），扦插育苗过程中常使用小拱棚遮阳网覆盖，将遮阳网覆盖在薄膜小拱棚的拱形支架上，遮光、保湿，提高苗木成活率。软枣猕猴桃设施栽培时，当设施内温度过高，光照过强时可在温室、大棚上直接覆盖遮阳网，大棚两侧离地

图 208　设施软枣猕猴桃外遮阳

1 m左右一般悬空不覆盖，以利通风透光（图208）。露地软枣猕猴桃可在温度高、光照强的夏季在架面上覆盖遮阳网进行遮阴。

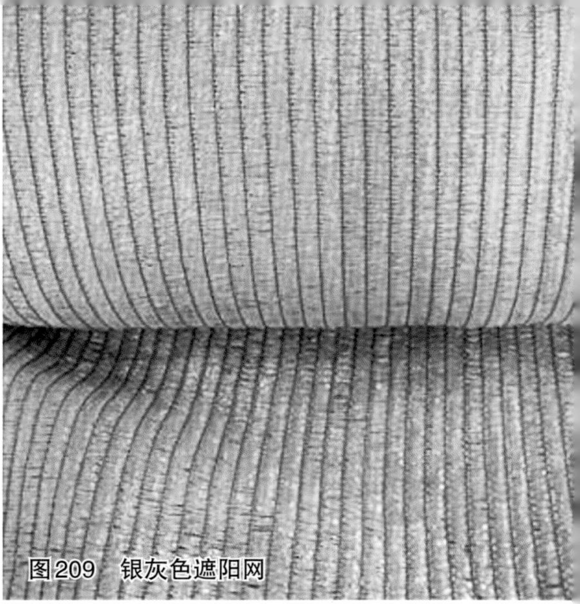
图209 银灰色遮阳网

使用遮阳网的注意事项：

①应根据当地的自然光照强度，科学选择遮阳网和覆盖方式。选用不同色泽、不同遮光率的遮阳网及不同覆盖形式，降温效果会有所差异。黑色遮阳网遮光率高、降温快，银灰色遮阳网遮光率低。一般在夏季强光高温时，采用黑色网覆盖，8月中旬后可用银灰色网覆盖（图209）。遮阳网覆盖在棚膜上时，不宜紧贴棚膜，应与棚膜隔开一定距离。

②加强覆盖期管理。覆盖遮阳网应根据天气情况和不同生育期对光照强度和温度的要求，灵活掌握。做到适时勤揭勤盖，即晴天盖，阴天揭；中午盖，早晚揭；光强盖，光弱揭；天气干热要多盖少揭。多雨天气，可不覆盖遮阳网。若覆盖不当或覆盖时间过长，会影响软枣猕猴桃的光合作用，不利于果树生长。

5. 防霜设施

霜冻是限制软枣猕猴桃露地栽培的主要影响因素之一。虽然软枣猕猴桃在休眠期抗寒性较好，但在发芽后抗寒能力却较差，露地栽培时软枣猕猴桃萌芽较早，每年早春的晚霜常会对其造成很大的伤害，轻则部分芽眼受冻萌发不整齐，重则整个新梢及花蕾受冻造成绝产，晚霜发生严重的地区甚至连年受灾，导致产业发展失败。除此之外，早霜也对一些地区的植株生长造成不利影响，导致一些晚熟品种果实不能正常成熟，甚至发生早霜后植株二次萌芽等现象，使树体营养贮藏不足，导致越冬性降低。因此，霜冻预防是许多地区面临的需要解决的重要问题。

温室、大棚、桥棚、冷棚等设施均能够对霜冻起到很好的预防效果，防风网、防雹网、遮阳网等也对轻度霜冻具有一定的预防效果。除此之外，果园智能霜冻防御系统、喷灌设施、防霜风扇等均可对霜冻起到一定的预防效果。

软枣猕猴桃果实市场供应期

果实来源		月份																																			
		1			2			3			4			5			6			7			8			9			10			11			12		
		上旬	中旬	下旬	上旬	中旬	下旬	上旬	中旬	下旬	上旬	中旬	下旬	上旬	中旬	下旬	上旬	中旬	下旬	上旬	中旬	下旬	上旬	中旬	下旬	上旬	中旬	下旬	上旬	中旬	下旬	上旬	中旬	下旬	上旬	中旬	下旬
露地	早熟																							√	√												
	中熟																									√	√										
	晚熟																											√	√								
棚室	冷棚																					√	√														
	阴棚																				√	√	√														
	桥棚																		√	√	√	√															
	日光温室														√	√	√	√	√	√																	
	加温温室													√	√	√	√	√																			
贮藏																													√	√	√	√	√	√	√	√	√

图210　软枣猕猴桃长廊、庭院栽植

（三）景观设施

软枣猕猴桃属于抗寒藤本植物，除了作为生产栽培外，利用其占天不占地、病虫害少、抗寒等特性，还可用于长廊、庭院、旅游观光大道等的景观建设（图210）。

三、设施栽培关键技术是什么？

1. 设施中不同生长发育阶段所需天数

设施中不同生长发育阶段所需天数

生长阶段	天数
开始升温——萌芽	20~25 d
萌芽——盛花	60~65 d
盛花——果实成熟	早熟品种　80~90 d 中熟品种　105~110 d 晚熟品种　120~125 d
果实成熟——落叶	110~120 d
落叶期	10月下旬

2. 品种选择

设施软枣猕猴桃生产与露地软枣猕猴桃生产相比，是一种高投入、高产出的集约化栽培方式，为了能达到预期的目标，品种的选择非常重要。目前我国软枣猕猴桃设施栽培以促成栽培为主。为了使软枣猕猴桃提早成熟，提前上市，抢占果品淡季市场，提高售价和经济效益，选择品种时要考虑需冷量比较少，品质优，果个大的早、中熟品种。如魁绿、长江1号、909、海佳等。也可选择一些优质晚熟品种，如龙城二号等。设施栽培时一定要按照比例搭配雄株。需要注意的是：不是所有品种都适合设施栽培，如桓优一号等品种在设施内就表现为果实不能正常成熟变软等。

3. 设施内环境调控

（1）环境调控标准及注意事项

设施软枣猕猴桃环境调控标准及注意事项

物候期	温度 /℃	相对湿度 /%	注意事项
休眠期	0~5	90	维持适宜的低温，保持湿度
树液流动期	5~20	90	逐步升温，提高地温，增加蓄热
萌芽展叶、新梢生长期	白天：20~25 夜间：10	60	降低湿度，改善光照，增施 CO_2 气肥，防止冻害
开花期	白天：23~25 夜间：10~15	50	禁止浇水，控制湿度，加强通风透光，增施 CO_2 气肥
果实发育期	白天：25~28 夜间：15~18	50~60	保证充足水肥，改善树体通风透光条件
果实成熟期	白天：25~28 夜间：15~18	50~60	加大昼夜温差，改善果实品质
采后—落叶期	露地自然温度	露地自然湿度	撤去棚膜改为露地栽培模式，及时进行采后修剪

（2）环境调控措施

温度的调控包括保温、加温和降温3个方面。保温措施包括：科学设计设施的方位与结构，进行多层覆盖，增加棚膜透光率，正确揭盖草帘、棉被、保温幕等。常用的加热方式有热风采暖、热水采暖、热气采暖、电热采暖、辐射采暖、火炉采暖等。降温措施有通风换气降温、遮阳降温、喷雾降温、及时撤膜降温等。

湿度的调控包括降低空气湿度和增加空气湿度。降低空气湿度的措施有通风换气、加温除湿、全园覆盖、科学灌溉等。增加空气湿度的措施有喷雾加湿、湿帘加湿、适时灌水等。

光照调控措施包括：科学规划设施方位，优化设施结构，改善覆盖材料，

图211　人工补光

人工补光等（图211）。

4. 整形修剪

软枣猕猴桃萌芽率高，植株生长势旺，设施栽培时采用棚架比较适宜。树形为单主干多主蔓龙干形。主干直立，干高沿行向从南到北逐渐增高（即最南边一株干高1.2 m，最北边一株干高2 m）。在距离棚架架面20~30 cm处，向行间两侧各分生2个主蔓，主蔓之间间距50 cm左右，每条主蔓长1.5 m，如1条龙干，主蔓上直接着生结果母枝，同侧结果母枝间距15~25 cm。生长季注意控制架面枝量，及时疏除生长过旺的营养枝、过密枝、徒长枝、病虫枝等，对生长旺盛的枝条进行摘心，保持架面通风透光，使枝叶受光均匀。结果枝自然下垂，果实位于架面以下，可有效预防果实日灼。对于生长旺盛的结果枝，开花前及时摘心，控制生长。果实采收后对结果母枝留基部2~3芽进行短截，促发新梢，培养翌年结果母枝。冬季修剪时旺枝剪留20~30 cm，中庸枝剪留15 cm，细弱枝疏除。

5. 花果管理

（1）合理配置授粉树

定植时按照雌雄株比例8:1均匀配置授粉树。雄株不足时，可采用花期挂花枝的方法进行补充，即在缺少雄株的地方挂上装满清水的水瓶，从雄株采集含苞待放的花枝插入水瓶中，每天给水瓶补充清水，每1~2 d更换花枝1次。

（2）授粉

为了提高坐果率和果实质量，软枣猕猴桃设施栽培时花期需要放蜂，每亩配1~2箱蜜蜂，在花朵开放前1~2 d将蜂箱放入棚室中间位置，调整好角度，平稳放置（图212）。也可以进行人工辅助授粉，取当日开放的雄花直接对着新开放的雌

图212　温室放蜂

花进行涂抹，每朵雄花可授5~7朵雌花。也可以提前收集雄花粉，使用时用花粉稀释剂稀释花粉，用毛笔或者电动授粉机进行人工授粉。

（3）疏花疏果

软枣猕猴桃果实比较小，疏花疏果工作比较简单，花前疏去过密、畸形、病虫危害的花蕾，坐果后疏除畸形果和过小果，保证所留的果大小整齐一致、分布均匀、自然下垂。

6. 土肥水管理

软枣猕猴桃喜欢疏松肥沃的土壤，对肥水要求较高，施肥以腐熟的有机肥为主，在每年秋季施入。在萌芽期、花后、果实膨大期及果实成熟前各追肥次，前期以氮肥为主，后期以磷、钾肥为主。叶面喷肥每10~15 d 次，可选择磷酸二氢钾、氨基酸叶面肥等，叶面喷肥对促进果实发育，提高品质效果显著。

灌溉最好采用滴灌（图213）。根据土壤水分情况并结合追肥，分别在萌芽前、坐果后、果实膨大期、采果修剪后、土壤上冻前进行灌水，保持土层湿润。

图213　滴箭和滴环

图214　设施内低温伤害

7. 病虫害综合防治

软枣猕猴桃设施栽培时病虫害发生较露地少，目前局部发现有红蜘蛛、桑白盾蚧、蓑蛾等，尚未对生产造成太大影响，生产中应采取预防为主、综合防治的植保方针。定植前严格淘汰病苗并对苗木消毒。加强栽培管理，提高树体营养水平，合理负载，提高树体对病虫害的抗性。实行全园覆膜，加强环境的调控，严格控制设施内湿度使其达到最低，可有效预防各种病害的发生。采用黑光灯、糖醋罐、性诱剂等有针对性地诱杀害虫，并创造良好的设施内生态环境来保护天敌的生存、繁衍，达到以虫治虫的目的。冬季修剪后及时清园，剪除枯枝、病枝，清理园内僵果、落叶，刮掉老皮、病斑等，进行烧毁或深埋，减少病源、虫源。在升温后萌芽前全园喷施一次石硫合剂可有效预防病虫害发生，在设施内可用杀虫、杀菌烟雾剂进行熏蒸预防。花前注意预防花腐病。

生长季宜使用生物源农药和矿物源农药。常用的生物源农药有春雷霉素（多氧霉素）、井岗霉素、农抗120、浏阳霉素、华光霉素、青虫菌、苏云金杆菌、绿僵菌、捕食螨。常用的植物源农药有除虫菊素、苦楝素、鱼藤酮、烟碱、植物油乳剂、大蒜素等。常用的矿物源农药除虫菊酯有硫悬浮剂、石硫合剂、硫酸铜、氢氧化铜、波尔多液等。

除此之外，软枣猕猴桃在设施栽培时还会遇到恶劣天气的影响，常见的情况有高温伤害、日灼、水涝、缺素症等（图214），在日常管理当中应加强设施内环境的调控，创造适宜软枣猕猴桃生长的条件。

总之，在病虫害防治中，提倡以生物防治为主，结合农业防治，辅以科学用药的综合防治措施，以达到减少用药次数和用量、保护环境、提高社会效益和生态效益的目的。

参考文献

[1] 翟秋喜，魏丽红．葡萄高效栽培 [M]．北京：机械工业出版社，2018.

[2] 蒋锦标，卜庆雁．果树生产技术（北方本）[M]．北京：中国农业大学出版社，2011.

[3] 卜庆雁，翟秋喜．果树栽培技术 [M]．沈阳：东北大学出版社，2009.

[4] 艾军等．软枣猕猴桃栽培与加工技术 [M]．北京：中国农业出版社，2014.

[5] 黄宏文等． 猕猴桃属：分类　资源　驯化　栽培 [M]．北京：科学出版社，2013.

[6] 钟彩虹，黄宏文．中国猕猴桃科研与产业四十年 [M]．北京：中国科学技术大学出版社，2018.

[7] 齐秀娟．猕猴桃实用栽培技术 [M]． 北京：中国科学技术出版社，2014.

[8] 冯明祥．无公害果园农药使用指南 [M]． 北京：金盾出版社，2010.

[9] 钟彩虹，陈美艳． 猕猴桃生产精细管理十二个月 [M]．北京：中国农业出版社，2020.

[10] 谢鸣，张慧琴． 猕猴桃高效优质省力化栽培技术 [M]．北京：中国农业出版社，2018.

[11] 黄宏文．中国猕猴桃种质资源 [M]．北京：中国林业出版社，2019.

[12] 龚国淑等．猕猴桃病虫害原色图谱与防治技术 [M]．北京：科学出版社，2020.

[13] 李明，韩礼星．猕猴桃标准化生产技术 [M]．北京：金盾出版社，2019.

[14] 郁俊谊．猕猴桃高效栽培 [M]．北京：机械工业出版社，2019.

[15] 曹尚银，徐小彪，钟敏黄等．中国猕猴桃地方品种图志 [M]．北京：中国林业出版社，2018.

[16] 王跃进，杨晓盆．北方果树整形修剪与异常树改造 [M]．北京：中国农业出版社，2002.

[17] 李坤灼，张妍．设施园艺 [M]．北京：中国农业大学出版社，2014.

[18] 张彦萍．设施园艺 [M]．北京：中国农业出版社，2010.

[19] 汪志辉，贺忠群．设施园艺学 [M]．北京：中国水利水电出版社，2013.

策划编辑：林孝栋　康昊婷
责任编辑：康昊婷
封面设计：郑　川

图说
软枣猕猴桃高效栽培技术

TUSHUO RUANZAO MIHOUTAO
GAOXIAO ZAIPEI JISHU

ISBN 978-7-5655-2793-7

定价：39.80元

乡村振兴人才培养系列教材
图说现代农业高质量发展关键技术丛书

图说温室草莓栽培关键技术

TUSHUO WENSHI CAOMEI
ZAIPEI GUANJIAN JISHU

于立杰　张振东　于强波 ◎ 编著

中国农业大学出版社
China Agricultural University Press